GAOZHIGAOZHUANANQUANJISHUGUANLIZHUANYEGUIHUAJIAOCAI

高职高专安全技术管理专业规划教材

事故预防与分析

人力资源和社会保障部教材办公室　组织编写

主　编　易　俊

副主编　肖　丹　梁　茵

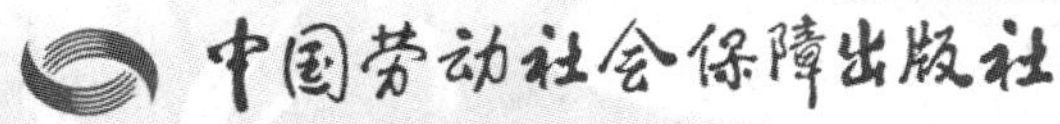

图书在版编目(CIP)数据

事故预防与分析/易俊主编. —北京：中国劳动社会保障出版社，2015
高职高专安全技术管理专业规划教材
ISBN 978-7-5167-2223-7

Ⅰ.①事…　Ⅱ.①易…　Ⅲ.①安全事故-事故预防-高等职业教育-教材②安全事故-事故分析-高等职业教育-教材　Ⅳ.①X928

中国版本图书馆 CIP 数据核字(2015)第 269259 号

中国劳动社会保障出版社出版发行
（北京市惠新东街 1 号　邮政编码：100029）
*
三河市华骏印务包装有限公司印刷装订　新华书店经销
787 毫米×1092 毫米　16 开本　12 印张　227 千字
2016 年 1 月第 1 版　2022 年 1 月第 4 次印刷
定价：26.00 元

读者服务部电话：（010）64929211/84209101/64921644
营销中心电话：（010）64962347
出版社网址：http://www.class.com.cn

“高职高专安全技术管理专业规划教材”

编委会

内容简介

本书为国家级职业教育规划教材，是“高职高专安全技术管理专业规划教材”之一，由国家人力资源和社会保障部教材办公室组织，根据高等职业学校安全技术管理专业教学标准编写。教材附有教学用电子课件（PPT）供免费下载，下载网址为中国人力资源和社会保障出版集团网站 http://www.class.com.cn。

本书以安全事故预防、控制与分析为主要内容，先从法律法规、制度体系等方面介绍宏观的事故预防与分析，再以矿山、危化和建筑等行业为主线分事前、事中和事后介绍贴近工程实际的事故预防与分析。本书可以作为高等职业院校的教材，也可以作为工业企业安全技术人员、安全管理人员等的实用参考书。

全书共分8章，其中第一章概论、第二章安全生产法律法规与安全生产管理制度体系由重庆工程职业技术学院王倩老师编写，第三章生产安全事故统计分析由重庆工程职业技术学院易俊老师编写，第四章事故预防与控制、第五章事故隐患排查由天津城建大学梁茵老师编写，第六章事故调查与现场勘查、第七章事故综合分析与处理和第八章事故应急管理由重庆工程职业技术学院肖丹老师编写，全书由重庆工程职业技术学院易俊老师和肖丹老师负责统稿。

前　言

安全生产事关人民群众生命财产安全，事关改革发展稳定大局，事关党和政府的形象和声誉。党中央、国务院高度重视安全生产，确立了安全发展理念和“安全第一、预防为主、综合治理”的方针，采取一系列重大举措加强安全生产工作。近年来，随着我国经济建设的快速发展，社会和企业对安全生产应用型人才的需求量日益增多，这给高职高专安全技术管理专业建设带来了新的机遇和挑战。中国劳动社会保障出版社具有安全生产图书出版的传统优势，先后出版发行了高校安全工程专业研究生教材、全国高校安全工程专业本科规划教材和中等职业教育相关教材等。为了发挥专业教材出版优势，更有力地推动安全技术管理专业职业教育的发展和人才的培养，加强教材建设这一专业建设的重要基础工作，国家人力资源和社会保障部教材办公室组织全国高职高专相关院校的知名教师，系统地编写了“高职高专安全技术管理专业规划教材”，并由中国劳动社会保障出版社出版发行。

本套教材分为专业核心课程和专业方向核心课程两大类，其中，专业核心课程教材包括《安全生产法律法规》《安全管理》《安全心理学》《安全人机工程》《安全系统工程》《职业健康技术与管理》《安全评价实务》《事故预防与分析》《事故应急救援》《电气安全技术》《防火防爆技术》《安全监测与监控技术》《锅炉压力容器安全技术》《机械与起重设备安全技术》《安全管理文书写作》，专业方向核心课程包括消防、矿山、建设、石油化工、交通运输、工贸等行业领域安全技术管理教材。

本套规划教材的编写注重满足高职高专安全技术管理专业教学课程体系的新发展和教学现状，力求创新，在吸收已有教材成果的基础上，将本学科的最新理论、技术和规范纳入教学内容，并与国家最新的相关政策法规、技术标准保持一致。为满足培养应用型人才的需求目标，整套教材加强了职业教育特色，避免纯理论阐述，强调以实际技能和职业需求带动教学。每种教材的技能实训内容丰富，提倡工学结合，增加了可操作性和工作实践性，为学生今后的职业生涯打下坚实的基础。

本套教材的每一章都附有教学用电子课件（PPT）供参考使用，可登录中国人力资源和社会保障出版集团网站 http://www.class.com.cn 免费下载。

在本套教材开发过程中，全国近 20 所高等院校、科研院所的近百名专家和教师积极参与了编写和审定工作，在此向他们表示衷心感谢！同时，由于时间和各因素制约，教材中难免有不足之处，期望专业领域专家和广大师生提出宝贵的意见和建议。

高职高专安全技术管理专业规划教材编委会

2015 年 7 月

目录

第一章　概　　论

第二章　安全生产法律法规与安全生产管理制度体系

第三章　生产安全事故统计分析

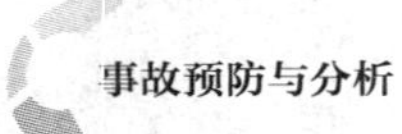

第四章　事故预防与控制

第五章　事故隐患排查

第六章　事故调查与现场勘查

第七章 事故综合分析与处理

第八章 事故应急管理

第一章

概论

本章学习目标

1. 了解事故预防与分析的研究对象。

2. 掌握事故预防与分析的主要任务。

3. 了解事故预防与分析在安全生产中的作用与意义。

第一节　事故预防与分析的研究对象和主要任务

一、事故预防与分析的研究对象

安全是指不发生伤亡，不发生设备或财产损害和环境危害的状态。由此可见，安全是一种状态，是一种不发生事故和灾害等危险的状态。而不安全状态是与事故和危险联系在一起的，如在生产过程中发生高处坠落、物体打击、机械伤害、中毒、火灾、爆炸、触电等事故，或由于各种原因造成的各类伤害等，这些都不是人们所期望的。

事故预防是指通过采用工程技术、管理和教育等手段使事故发生的可能性降到最低。

生产安全事故分析就是客观地研究事故产生的根源，以及选择纠正措施以确保类似事故不再次发生。

二、事故预防与分析的主要任务

1. 事故预防的主要任务

事故的预防贯穿于企业生产经营活动的全过程，主要任务包括以下几点：

（1）要根据建设发展方针，制定事故预防的基本规程。

（2）从机械、物质或环境的不安全状态和人的不安全行为等诸多方面，对危险源或潜在的危险作细致具体分析。

（3）运用安全系统工程的原理和方法，并加强安全教育，制定消除危险的对策。这些对策包括消除机械、物质的不安全状态和人的不安全行为两大部分。前一部分包括从生产的组织、工艺流程对生产危险进行综合预防，加强机械设备的维修保养，预防设备事故发生的危险预防等方面；后一部分主要是对职工加强安全教育和培训，采取一些心理对策，杜绝职工错误操作的产生，引导他们遵守劳动纪律，安全、正确地进行作业。

（4）将这些对策实施后的情况及时反馈，根据反馈情况，确定新的事故预防对策，对新出现的潜在危险采取新的对策，加以消除。

事故分析的目的是弄清事故情况，从思想、管理和技术等方面查明事故原因，分清事故责任，提出有效改进措施，从中吸取教训，防止类似事故重复发生。

2. 事故分析的主要任务

（1）查清事故发生经过。即通过现场留下的痕迹，空间环境的变化，对事故见证人和受伤者的询问及对有关现象的仔细观察，以及必要的科学实验等方式或手段来弄清事故发生的前后经过，并用简短文字准确描述出来。

（2）找出事故原因。即从人的因素、管理因素、环境因素以及机器设备本质安全因素等方面进行综合分析，找出事故发生的直接原因和间接原因。找出事故原因是事故调查分析的中心任务。

（3）分清事故责任。通过事故调查，划清与事故事实有关的法律责任，并对有关责任者提出处理建议，包括行政处分，经济处罚；构成犯罪的，由司法机关依法追究刑事责任。

（4）吸取事故教训，提出预防措施，防止类似事故的重复发生。这是事故分析的最终目的。

第二节　事故预防与分析的主要内容和特点

一、事故预防与分析的内容体系

运用安全系统工程原理，可将事故预防与分析体系分为下列三个子体系：

1. 杜绝事故发生的基本体系

建立杜绝事故发生的基本体系的目的是要全力保证生产过程中不发生任何事故，这是事故预防体系中最基本的体系，要保证这一体系就应使人、物和环境满足以下三个方面的要求：

（1）一切生产设备的安全性能都应达到生产环境的需求。

（2）与生产目的紧密相关，与一切设备的性能要求协调一致的工艺流程。这里最重要的是必须将事故的预防程序编入工艺流程。

（3）按其职责要求培养一支能够熟练掌握有关设备的工艺性能，并能忠于职守的操作管理人员队伍。

2. 控制、消除事故体系

控制、消除事故体系是指一旦事故发生能够得到最有效的控制并消除的体系。这个体系首先要求生产系统应有一定的容错和纠错功能。也就是说，一旦生产系统中发生了异常变化，系统中的自动保护装置能够发挥作用，实行自动调节，或者自动排除故障。故障不能排除时，系统应自动停止作业或自动发出警报提示操作人员排除故障。

3. 减少事故损失体系

当事故难以控制和消除时，要尽量减少可能造成的损失。这个体系主要是要做好应急救援预案。事故发生后往往情况十分紧急，而且由于现场混乱、情况复杂，给救灾的指挥、判断、组织工作带来很大困难。因此，这个体系的核心设计是要求企业对可能发生的各种紧急情况进行分析、评估，并制定出发生紧急情况时的应急方案。同时，预先设置各种有效的救灾设备和配备一定数量的救灾人员。

在生产过程中发生伤亡事故，要进行调查分析，目的是掌握情况，查明原因，分清责任，拟定改进措施，防止事故重复发生。事故调查分析要切实做到“四不放过”，即事故原因分析不清不放过，事故责任者未受处理不放过，群众没有受到教育不放过，没有采取防范措施不放过。

二、事故预防与分析的特点

生产经营单位是事故预防与分析的主体，即“管生产，必须管安全”，生产经营单位负责人对事故预防具体工作安排起主要负责作用；事故预防工作应当以人为本，让职工参与到预防工作的实施过程中来，听取一线员工的经验与建议，可以使企业的安全预防管理工作良性有序发展；政府监督、行业监管和社会监督的机制是保证事故预防体系能够在生产经营单位彻底贯彻执行的有效保证，这些监督可以推动企业做好事故预防与分析，实现安全生产目标。

三、事故预防与分析在安全生产中的作用与意义

安全管理以预防为主，其基本出发点源自生产过程中的事故是能够预防的观点。除了部分自然灾害以外，凡是由于人类自身的活动而造成的危害，总有其产生的因果关系，探索事故的原因，采取有效的对策，一般就能够预防事故的发生。预防为主的

原则可以说是安全管理的基本原则。可见坚持“所有事故都是可以预防和避免的”这一理念是很重要的。坚持这一理念对安全生产管理有着很大的积极意义：

1. 能有效防止和减少生产安全事故，保障人民群众生命和财产安全。

2. 能减少不必要的经济损失，进一步达到安全投资的最大效益。安全不只是花钱，而是一项能给企业带来丰厚回报的战略投资。坚持“所有事故都是可以预防和避免的”这一理念，积极采取安全预防措施能够有效减少事故的附加支出。

3. 对于保护劳动生产力、均衡发展企业各部门的经济劳动资源具有现实的意义。防止员工在工作中甚至在工作时间之外受到伤害，避免伤亡的结果使企业的资源得到了更为有效的利用，员工的更替率有所下降，企业的运营更加顺畅，企业的收益也就会有所增长。

4. 对生产员工生命安全与健康、家庭幸福以及生活质量有直接影响。

5. 对人的行为有一定激励作用。激励就是激发人的动机，引发人的行为。企业领导和员工能在工作和生产操作中坚信“所有事故都是可以预防和避免的”可以达到零事故，进而有信心做到安全生产，这有赖于对其进行有效的安全行为激励。

人们常说要吸取事故教训，杜绝事故的发生，但是生产安全事故还是会一而再、再而三地发生。主要原因，是由于事故企业在很大程度上没有对事故进行一番科学的、实事求是的分析总结，找出原因且对症改进，用科学管理彻底消除事故隐患造成的。生产安全事故的危害和损失是重大的，进行严肃处理也无可非议。但是，惩罚不是目的，目的是保证安全生产，杜绝事故尤其类似事故的发生。这就需要对事故进行一番深入细致的分析，真正搞清楚每一起事故到底是怎样发生的。是当事人的疏忽大意，违章作业？还是技术不过关？监护人员尽职尽责没有？操作上有没有差错漏洞？还要进行倒查，看一看是否存在设备缺陷和事故隐患，等等。总之，要彻底查清事故的前因后果，查清事故萌芽、滋长及至最终酿成的全过程。

如果没有事故分析，就难以对事故的性质、有关人员的责任做出正确的判断，最终得出正确结论，责任追究就难以做到公平、公正、合理。一个可以预见的后果是：类似的事故隐患继续存在，吸取事故教训成了表态性“发言”，甚至人为地制造了新的矛盾，影响今后生产管理中人与人的协调和配合。由此可见，做好事故分析是十分重要的工作，对做好安全生产工作意义重大。

复习思考题

1. 事故预防与分析的主要研究对象有哪些？

2. 事故预防的任务和事故分析的任务分别是什么？二者之间有什么联系？

3. 事故预防与分析在安全生产中有什么作用与意义？

实训一

查找相关文献，了解国内外事故预防与分析现状。

1.1984 年 12 月 3 日凌晨，印度博帕尔的美国联合碳化物公司农药厂发生异氰酸甲酯毒气泄漏事件，直接致使 3 150 人死亡，5 万多人失明，2 万多人受到严重毒害，近 8 万人终身残疾（见图 1—1）。

图 1—1 印度博帕尔异氰酸甲酯毒气泄漏事件

2.1986 年 4 月 26 日凌晨 1 时，苏联切尔诺贝利核电站 4 号核反应堆发生猛烈爆炸，8 t 多具有强辐射性的核物质泄漏，释放出来的辐射量相当于日本广岛原子弹爆炸量的 200 倍。官方统计 4 000 人死亡，“绿色和平组织”报告指出有 9.3 万人死亡；320 多万人受到核辐射侵害和威胁，其中 27 万人因核辐射而致癌；28 万人紧急疏散，周围 20 多万平方千米的土地受到直接污染；事故发生后一段时间出生的孩子很多是畸形儿（见图 1—2）。

3.2003 年 12 月 23 日，位于重庆市开县高桥镇的中石油川东北气矿 16 号井发生特大井喷事故，井内喷射出的大量含有剧毒硫化氢的天然气四处弥漫，造成 243 人中毒死亡，2 142 人入院治疗、65 000 人被紧急疏散安置，直接经济损失高达 6 400 余万元（见图 1—3）。

4.2005 年 11 月 13 日 14 时 43 分，吉林省吉林市中石油吉林石化公司 101 厂的一化工车间苯胺装置发生爆炸，造成 5 人死亡、1 人失踪、60 多人受伤。受伤人员在事故发生后被分别送到吉化的两所医院进行救治，受伤较轻的人员在诊治后陆续回家，住院的 30 多人是伤势相对严重的人员。事故造成松花江重大环境污染事件，哈尔滨市停水 4 天（见图 1—4）。

图 1—2　切尔诺贝利核电站 4 号核反应堆发生猛烈爆炸

图 1—3　重庆市开县特大井喷事故

图 1—4　吉林省吉林市中石油吉林石化公司化工车间苯胺装置发生爆炸

第二章 安全生产法律法规与安全生产管理制度体系

本章学习目标

1. 了解我国安全生产工作方针。
2. 熟悉我国安全生产法律体系。
3. 了解国际相关组织公约。
4. 了解我国生产管理制度体系及主要内容。

第一节 安全生产法律法规体系

一、我国安全生产工作方针

安全生产工作方针是指政府对安全生产工作总的要求，它是安全生产工作的方向。新中国成立以来，党和政府高度重视安全生产工作，我国安全生产方针也经历了几次重大调整，大体可以归纳为三次变化，即“生产必须安全、安全为了生产”“安全第一，预防为主”“安全第一、预防为主、综合治理”。

1949—1983 年——“生产必须安全、安全为了生产”

1952 年 12 月，劳动部召开了第二次全国劳动保护工作会议。这次会议着重传达、讨论了毛泽东主席对劳动部 1952 年下半年工作计划的批示。劳动部部长李立三根据这一批示，提出了“安全与生产要同时搞好”的指导思想。在这次会议上，明确提出了安全生产方针，即“生产必须安全、安全为了生产”的安全生产统一的方针。

1984—2004 年——“安全第一、预防为主”方针

1984 年，主管安全生产的劳动人事部在呈报给国务院成立全国安全生产委员会的报告中把“安全第一、预防为主”作为安全生产方针写进了报告，并得到国务院的正式认可。1987 年 1 月 26 日，劳动人事部在杭州召开会议把“安全第一、预防为主”

作为劳动保护工作方针写进了我国第一部《劳动法（草案）》。从此，“安全第一、预防为主”便作为安全生产的基本方针而确立下来。

2002 年，《中华人民共和国安全生产法》由第九届全国人民代表大会常务委员会第二十八次会议于 2002 年 6 月 29 日通过，自 2002 年 11 月 1 日起施行。“安全第一、预防为主”方针被列入《安全生产法》。

2005 年至今——“安全第一、预防为主、综合治理”

2005 年 10 月 11 日，中共中央第十六届五中全会通过的《中共中央关于制定“十一五”规划的建议》指出：“保障人民群众生命财产安全。坚持安全第一、预防为主、综合治理，落实安全生产责任制，强化企业安全生产责任，健全安全生产监管体制，严格安全执法，加强安全生产设施建设。切实抓好煤矿等高危行业的安全生产，有效遏制重特大事故。”

把“综合治理”充实到安全生产方针当中，始于中国共产党第十六届中央委员会第五次全体会议通过的《中共中央关于制定“十一五”规划的建议》。温家宝于 2006 年 1 月 23—24 日在北京召开的全国安全生产工作会议上指出：“加强安全生产工作，要以邓小平理论和‘三个代表’重要思想为指导，以科学发展观统领全局，坚持‘安全第一、预防为主、综合治理’，坚持标本兼治、重在治本，坚持创新体制机制、强化安全管理。”胡锦涛于 2006 年 3 月 27 日下午主持中共中央政治局第 30 次集体学习时强调：“加强安全生产工作，关键是要全面落实‘安全第一、预防为主、综合治理’的方针，做到思想认识上警钟长鸣、制度保证上严密有效、技术支撑上坚强有力、监督检查上严格细致、事故处理上严肃认真。”

2014 年 8 月 31 日，中华人民共和国第十二届全国人民代表大会常务委员会第十次会议通过了《全国人民代表大会常务委员会关于修改〈中华人民共和国安全生产法〉的决定》，新修订的《安全生产法》第三条规定，安全生产工作应当以人为本，坚持安全发展，坚持安全第一、预防为主、综合治理的方针。

“安全第一”是指安全生产是全国一切经济部门和生产企业的头等大事。各企业和主管机关的行政领导同志和各级工会，都要十分重视安全生产，采取一切可能的措施保障劳动者的安全，全力防止事故的发生。对安全生产绝对不应抱有任何粗心大意、漫不经心的恶劣态度。当生产任务与安全发生矛盾时，应先解决安全问题。使生产在确保安全的前提下顺利进行。

“预防为主”是指在实现“安全第一”的许许多多的工作中，做好预防工作是最主要的。它要求我们防微杜渐，防患于未然，把事故和职业危害消灭在发生之前。伤亡事故和职业危害一旦发生，往往很难挽回，或者根本无法挽回。到那时“安全第一”也就成了一句空话。

“综合治理”，安全生产是一个复杂的系统工程，涉及社会的方方面面，要实现安

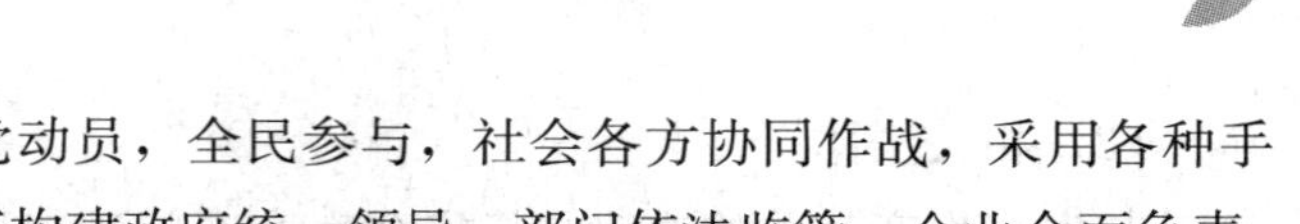

全生产状况的根本好转，需要全党动员，全民参与，社会各方协同作战，采用各种手段和方法形成综合治理态势，真正构建政府统一领导、部门依法监管、企业全面负责、群众监督参与、社会广泛支持的安全生产工作格局。

二、我国安全生产相关的法律法规简介

我国的安全生产法律体系比较复杂，它覆盖整个安全生产领域，包含多种法律形式。安全生产法律体系是一个包含多种法律形式和法律层次的综合性系统，从法律规范的形式和特点来讲，既包括作为整个安全生产法律法规基础的宪法规范，也包括行政法律规范、技术性法律规范、程序性法律规范。按法律地位及效力同等原则，我国安全生产法律体系如图 2—1 所示。

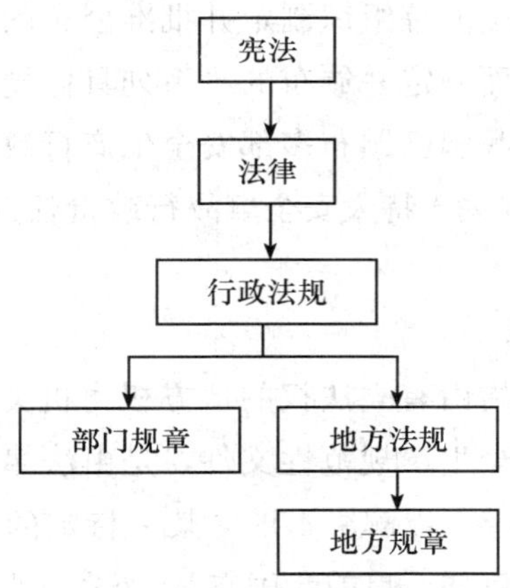

图 2—1　我国安全生产法律体系

1. 宪法

宪法是安全生产法律体系框架的最高层级，“加强劳动保护，改善劳动条件”是有关安全生产方面最高法律效力的规定。

2. 安全生产方面的法律

（1）基础法

我国有关安全生产的法律包括《中华人民共和国安全生产法》（以下简称《安全生产法》）和与它平行的专门法律和相关法律。《安全生产法》是综合规范安全生产法律制度的法律，它适用于所有生产经营单位，是我国安全生产法律体系的核心。

（2）专门法律

专门安全生产法律是规范某一专业领域安全生产法律制度的法律。我国在专业领域的法律有《中华人民共和国矿山安全法》《中华人民共和国海上交通安全法》《中华人民共和国消防法》等。

（3）相关法律

与安全生产有关的法律是指安全生产专门法律以外的其他法律中涵盖有安全生产内容的法律，如《中华人民共和国劳动法》《中华人民共和国建筑法》《中华人民共和国煤炭法》《中华人民共和国铁路法》《中华人民共和国民用航空法》《中华人民共和国工会法》《中华人民共和国全民所有制企业法》《中华人民共和国乡镇企业法》《中华人民共和国矿产资源法》等。还有一些与安全生产监督执法工作有关的法律，如《中华人民共和国刑法》《中华人民共和国刑事诉讼法》《中华人民共和国行政处罚法》《中华人民共和国行政复议法》《中华人民共和国国家赔偿法》以及《中华人民共和国标准化法》等。

3. 安全生产行政法规

安全生产行政法规是由国务院组织制定并批准公布的，是为实施安全生产法律或规范安全生产监督管理制度而制定并颁布的一系列具体规定，是实施安全生产监督管理和监察工作的重要依据。我国已颁布多部安全生产行政法规，如《生产安全事故报告和调查处理条例》《国务院关于特大安全事故行政责任追究的规定》《煤矿安全监察条例》等。

4. 地方性安全生产法规

地方性安全生产法规是指由有立法权的地方权力机关——人民代表大会及其常务委员会和地方政府制定的安全生产规范性文件，是由法律授权制定的，是对国家安全生产法律、法规的补充和完善，以解决本地区某一特定的安全生产问题为目标，具有较强的针对性和可操作性。例如，目前我国有27个省（自治区、直辖市）人大制定了《劳动保护条例》或《劳动安全卫生条例》，有26个省（自治区、直辖市）人大制定了《矿山安全法》实施办法。

5. 部门安全生产规章、地方政府安全生产规章

国务院部门安全生产规章由有关部门为加强安全生产工作而颁布的规范性文件组成，从部门角度可划分为交通运输业、化学工业、石油工业、机械工业、电子工业、冶金工业、电力工业、建筑业、建材工业、航空航天业、船舶工业、轻纺工业、煤炭工业、地质勘探业、农村和乡镇工业、技术装备与统计工作、安全评价与竣工验收、劳动保护用品、培训教育、事故调查与处理、职业危害、特种设备、防火防爆和其他部门等。部门安全生产规章作为安全生产法律法规的重要补充，在我国安全生产监督管理工作中起着十分重要的作用。

地方政府安全生产规章一方面从属于法律和行政法规，另一方面从属于地方法规，并且不能与它们相抵触。

三、国际主要的安全生产公约简介

国际公约（International Convention）是指国际间有关政治、经济、文化、技术等方面的多边条约。公约通常为开放性的，非缔约国可以在公约生效前或生效后的任何时候加入。

1. 国际劳工公约

国际劳工公约为联合国际劳工组织第 169 号公约，以保护全体加入国劳工为主，该公约由若干个公约组成，并对加入国发生效力。

其中部分包括：强迫劳动公约（1930 年）——要求禁止所有形式的强迫或强制劳动。但允许某些例外，如服兵役、受到适当监督的服刑人员的劳动和紧急情况下的劳动，如战争、火灾、地震；保护组织权利公约（1948 年）——赋予所有工人和雇主无须经事先批准，建立和参加其自己选择的组织的权利，并制定了一系列规定，确保这些组织在不受公共当局的干涉的情况下自由行使其职能；组织和集体谈判权利公约（1949 年）——为防止发生排斥工会的歧视，防止工人组织和雇主组织之间相互干涉，提供保护，并对促进集体谈判作出了规定；同工同酬公约（1951 年）——呼吁对男女工人同等价值的工作给予同等报酬和同等津贴；废除强迫劳动公约（1957 年）——禁止使用任何形式的强迫或强制劳动作为一种政治强制或政治教育手段，作为对发表政治或意识形态观点的惩罚，作为动员劳动力的手段，作为一种劳动纪律措施，作为参与罢工的惩罚或歧视的手段等。

2. 预防重大工业事故公约

国际劳工组织大会经国际劳工局理事会召集，于 1993 年 6 月 2 日在日内瓦举行第 80 届会议，并注意到有关的国际劳工公约的建议书，特别是 1981 年职业安全和卫生公约和建议书、1990 年化学品公约和建议书，及 1991 年出版的国际劳工组织《预防重大工业事故工作守则》，强调有必要采取一种综合连贯的方式，同时考虑到有必要确保采取一切适宜的措施，以便预防重大事故；尽量减少发生重大事故的风险；尽量减轻重大事故影响，并检讨此类事故的原因，包括组织工作方面的差错、人为因素、部件失灵、偏离正常操作条件、外界干扰和自然力量，并考虑到国际劳工组织、联合国环境规划署和世界卫生组织之间，有必要在国际化学品安全计划范围内进行合作，以及同其他有关的政府间组织合作的必要性，并决定采纳本届会议议程第四项关于预防重大工业事故的若干提议，并确定这些提议应采用一项国际公约的形式；于 1993 年 6 月 2 日通过公约，引用时称之为 1993 年《预防重大工业事故公约》。

3. 职业安全和卫生及工作环境公约

国际劳工组织大会经国际劳工局理事会召集，于 1981 年 6 月 3 日在日内瓦举行第

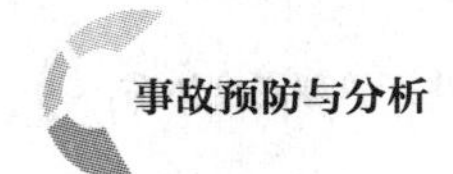

67届会议，经决定采纳本届会议议程第六项关于安全和卫生及工作环境的某些提议，并经确定这些提议应采取国际公约的形式，于1981年6月22日通过公约，引用时称之为1981年《职业安全和卫生公约》。

我国全国人大常委会于2006年10月31日批准了1981年《职业安全和卫生及工作环境公约》。批准这一公约，有利于保护劳动者的人身安全和健康、促进安全生产和职业卫生方面的立法和执法工作。

国际劳工组织自1919年创立以来，一共通过了185个国际公约和为数较多的建议书，这些公约和建议书统称国际劳工标准，其中70%的公约和建议书涉及职业安全卫生问题。我国政府为国际性安全生产工作已签订了国际性公约，当我国安全生产法律与国际公约有不同时，应优先采用国际公约的规定（除保留条件的条款外）。目前我国政府已批准的安全公约有23个，其中4个与职业安全卫生相关。

第二节　安全生产管理制度体系

一、安全生产责任制度

安全生产责任制是根据我国的安全生产方针“安全第一、预防为主、综合治理”和安全生产法规建立的各级领导、职能部门、工程技术人员、岗位操作人员在劳动生产过程中对安全生产层层负责的制度。安全生产责任制是企业岗位责任制的一个组成部分，是企业中最基本的一项安全制度，也是企业安全生产、劳动保护管理制度的核心。

企业单位的各级领导人员在管理生产的同时，必须负责管理安全工作，认真贯彻执行国家有关劳动保护的法令和制度，在计划、布置、检查、总结、评比生产的时候，同时计划、布置、检查、总结、评比安全工作。企业单位中的生产、技术、设计、供销、运输、财务等各有关专职机构，都应在各自业务范围内，对实现安全生产的要求负责。企业单位应该根据实际情况加强安全生产管理机构或安全生产管理人员的工作。

企业单位的职工应该自觉地遵守安全生产规章制度，不进行违章作业，并且要随时制止他人违章作业，积极参加安全生产的各种活动，主动提出改进安全工作的意见，爱护和正确使用机器设备、工具及个人防护用品。

二、安全生产标准化

2010年4月15日，国家安全生产监督管理总局发布了安全生产行业标准《企业安全生产标准化基本规范》，标准编号为 AQ/T 9006—2010，自 2010 年 6 月 1 日起实施。安全生产标准化是指通过建立安全生产责任制，制定安全管理制度和操作规程，排查治理隐患和监控重大危险源，建立预防机制，规范生产行为，使各生产环节符合有关安全生产法律法规和标准规范的要求，人、机、物、环处于良好的生产状态，并持续改进，不断加强企业安全生产规范化建设。

安全生产标准化包含安全目标、组织机构和职责，安全生产投入，法律法规与安全管理制度，教育培训，生产设备设施，作业安全，隐患排查和治理，重大危险监控，职业健康，应急救援，事故报告、调查和处理，绩效评定和持续改进 13 个方面。该标准适用于工矿企业开展安全生产标准化工作以及对标准化工作的咨询、服务和评审；其他企业和生产经营单位可参照执行。有关行业制定安全生产标准化标准应满足本标准的要求；已经制定行业安全生产标准化标准的，优先适用行业安全生产标准化标准。

三、职业安全健康管理体系

1. 职业健康安全管理体系要素

职业健康安全管理体系（Occupation Health Safety Management System，OHSMS）是 20 世纪 80 年代后期在国际上兴起的现代安全生产管理模式，它与 ISO9000 和 ISO14000 等标准体系一并被称为“后工业化时代的管理方法”。职业健康安全管理体系产生的主要原因是企业自身发展的要求。随着企业规模扩大和生产集约化程度的提高，对企业的质量管理和经营模式提出了更高的要求。企业必须采用现代化的管理模式，使包括安全生产管理在内的所有生产经营活动科学化、规范化和法制化。

1999 年 10 月，国家经贸委颁布了《职业健康安全管理体系试行标准》；2001 年 11 月 12 日，国家质量监督检验检疫总局正式颁布了《职业健康安全管理体系　规范》，自 2002 年 1 月 1 日起实施，标准编号为 GB/T 28001—2001，属推荐性国家标准，该标准与 OHSAS18001 内容基本一致。最新版为《职业健康安全管理体系　要求》（GB/T 28001—2011）。职业健康安全管理体系的基本要素共 17 个，即职业健康安全方针；对危险源辨识、风险评价和风险控制的策划；法规和其他要求；目标；职业健康安全管理方案；结构和职责；培训、意识和能力；协商和沟通；文件；文件和资料控制；运行控制；应急准备和响应；绩效测量和监视；事故、事件、不符合、纠正和预防措施；记录和记录管理；审核；管理评审。其中危险源辨识、风险评价和风险控制的策划是职业健康安全管理体系的基础，职业健康安全管理体系具有实现遵守法规要求的承诺的功能，监控系统是对体系运行的保障，明确组织结构和职责是实施职业健康安全管理体系的必要前提，其他职业健康安全管理体系要素具有独特的管理

作用。

2. 职业健康安全管理体系的特点

(1) 采用建立管理体系的方式对职业健康安全绩效进行控制。

(2) 采用 PDCA 循环管理（戴明模型，P 是指策划，D 是指实施和运行，C 是指检查，A 是指改进）的思想。

(3) 强调预防为主、持续改进以及动态管理。

(4) 遵守法规的要求贯穿在体系的始终。

(5) 要求全员参与。

(6) 适用于各行各业，并作为认证的依据。

3. 职业健康安全管理体系的管理作用

OHSMS 为企业提高职业健康安全绩效提供了科学、有效的管理手段；有助于推动职业健康安全法规和制度的贯彻执行；使组织的职业健康安全管理由被动强制行为转变为主动自愿行为，提高职业健康安全管理水平；有助于消除贸易壁垒；对企业产生直接和间接的经济效益；将在社会上树立企业良好的品质和形象。

四、本质安全管理体系

1. 本质安全管理

本质安全管理是指在一定经济技术条件下，在安全生产过程中对系统中已知的危险源进行预先辨识、评价、分级，进而对其进行消除、减小、控制，实现人—机—环系统的最佳匹配，使事故降低到人们期望值和社会可接受水平的风险管理过程。

2. 本质安全管理体系

本质安全管理体系是以风险预控管理为核心，以控制人的不安全行为为重点，以切断事故发生的因果链为手段，以持续改进为运行模式的一套管理体系。本质安全管理的目标是通过以风险预控为核心的、持续的、全面的、全过程的、全员参加的、闭环式的安全管理活动，在生产过程中做到人员无失误、设备无故障、系统无缺陷、管理无漏洞，进而实现人员、机器设备、环境、管理的本质安全，切断安全事故发生的因果链，最终实现杜绝已知规律的、酿成重大人员伤亡的生产安全事故发生。

3. 本质安全管理体系要素

本质安全管理体系主要包括风险管理、人员不安全行为管理与控制、组织保障管理、本质安全文化、本质安全管理评价和本质安全管理信息系统六方面要素。

(1) 风险管理

风险管理过程包括危险源辨识、风险评估、提取管理对象、制定管理标准与措施、风险预控、危险源监测、风险预警、风险控制。危险源辨识是本质安全管理的前提和基础，只有找到危险源才能确定管理对象，辨识出的危险源根据风险评估进行分类管理，即根据动态信息监测对危险源的安全风险程度进行定量评价，以确定特定风险发生的可能性及损失的范围和程度，进而进行风险预警和预控。进而建立本质安全体系、管理标准体系，并制定相应的管理措施、政策和程序。

（2）人员不安全行为控制与管理

人员不安全行为也是一种危险源，应根据人员不安全行为的产生机理，对人员不安全行为进行分类管理，并制定相应的管理途径和控制方法。

（3）组织保障管理

组织保障是指为了顺利实施本质安全管理体系应该设立什么样的组织机构、岗位职责、有效的激励约束机制、健全的人员准入和培训机制、良好的安全文化体系等。

（4）本质安全文化

本质安全文化主要研究本质安全文化的建设模式、目标、内容、措施与评价。通过开展本质安全文化建设，员工真正树立安全第一的观念、主动追求安全、管理制度合理完善、员工无不安全行为、机器设备工艺等达到本质安全要求。

（5）本质安全管理评价

对本质安全管理系统的运行情况应进行监管，进行定期和不定期的评价和考核，以确保管理体系能够达到本质安全管理的要求。

（6）信息系统

各个层级都需要借助信息来识别、评估和应对安全风险。首先，应收集翔实的生产安全信息，包括危险源信息、风险程度信息、风险应对信息、生产作业信息、地质条件信息、环境信息、政策落实执行信息、管理系统运行信息、监管报告等；其次，应具有有效畅通的信息沟通渠道，保证信息传递的及时性、全面性、连续性、针对性；再次，信息系统要保证决策者能够及时获得决策所需的各类相关信息；最后，管理层与员工之间应具备上下交流的通畅渠道，以便于管理政策的全面贯彻及实施情况的及时和准确反馈。

复习思考题

1. 学习《安全生产法》，总结生产责任制度有哪些主要内容，生产经营单位主要负责人的安全生产职责有哪些。

2. 学习《生产安全事故报告和调查处理条例》，掌握事故报告和调查的主要内容和基本程序。

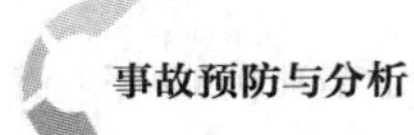

实训二

分析以下生产安全事故案例触犯了安全生产法律法规的哪些条款。

1. 某煤矿发生特大瓦斯爆炸事故，造成84人死亡，68人受伤，直接经济损失上千万元。事故的大致经过是：事故发生的当天，该煤矿某采区回风巷电缆被挤坏，接地跳闸，停风停电，经三次处理仍未解决问题，致使采区无法送风，瓦斯浓度超限。同时，负责处理的电工是原采掘工转岗的，未经专业考核培训。处理电缆接地时装煤机防爆接线盒未盖，操作线裸露，铜线搭接。

发现瓦斯超限，人员撤出时未把控制装煤机开关置于断电位置，风机停转时未把风电闭锁开关和风机开关打到停电位置，在上述情况下，该采区换班时有关人员未向下一班作好情况交接说明，向有关领导汇报后也未及时采取排放瓦斯和处理漏电问题，下一班人上岗后违章送电，导致短路，产生火花，引起瓦斯燃烧爆炸，扬起煤尘，后又发生煤尘传导爆炸。

2. 张某与王某合伙投资建设一旅行用皮包生产厂，但资金不足。因当时市场上该品种皮包的销路很好，为抓住商机，尽快获取经济利益，两人经商议后，决定砍掉计划用于购买通风设备的资金，先投产再说。结果生产过程中，因生产车间通风不好，苯的含量严重超标，发生严重苯中毒事故。

3. 某建筑工程公司因效益不好，公司领导决定进行改革，减负增效。经研究将公司安全部撤销，安全管理人员8人中，4人下岗，4人转岗，原安全部承担的工作转由工会中的两人负责。由于公司领导撤销安全部门，整个公司的安全工作仅由两名负责工会工作的人兼任，致使该公司上下对安全生产工作普遍不重视，安全生产管理混乱，经常发生人员伤亡事故。

4. 某县花炮厂发生特大爆炸事故，造成30多人死亡，其中在校中小学生10多人，不在校的未成年人2人，还有10多人受伤，其中重伤2人。事故的经过是，2000年年初，属于乡镇企业的某县花炮厂，接到一笔大规格爆竹（属国家明令禁止生产的品种）的生产订单。因时间紧、任务重，为完成订单，业主采取增加加工费等方法，吸引一部分未经培训的人员到厂务工。事故发生当天，配药工李某违反操作规程，造成火药摩擦起火，引起爆炸。且由于该厂生产的是国家明令禁止生产的大规格爆竹，车间内当日存放的成品和半成品及原料火药量严重超标，直接爆炸源引发周围堆放的成品、半成品和原料接连爆炸，导致严重人员伤亡。

第三章
生产安全事故统计分析

本章学习目标

1. 掌握事故的定义及其分类。

2. 了解事故统计的方法，掌握事故统计主要指标的计算方法。

3. 会根据《生产安全事故报告和调查处理条例》和《企业职工伤亡事故分类标准》对事故进行分类。

4. 会根据实作任务单完成事故统计图、事故统计表。

第一节　事故统计基础知识

一、事故的定义

对于事故（Accident），人们从不同的角度出发对其会有不同的理解。在《辞海》中给事故下的定义是“意外的变故或灾祸”。美国安全工程师海因里希认为：“事故是非计划的、失去控制的事件”。我国安全生产界认为，“事故是指在生产活动过程中发生的一个或一系列非计划的（即意外的），可导致人员伤亡、设备损坏、财产损失以及环境危害的事件”。

值得指出，事故和事故后果（Consequence）是具有因果关系的两件事情，事故发生继而产生某种事故后果。但是在日常生产、生活中，人们往往认为事故等同于事故后果，这是不正确的。之所以产生这种认识，是因为事故的后果，特别是给人们带来严重伤害或损失的后果，给人的印象非常深刻，相应地使人们注意了带来这种后果的事故；相反，如果事故带来的后果非常轻微、没有引起人们注意，人们就忽略了这种事故。所以，事故更为准确、全面的定义应该是：事故是在人们生产、生活活动过程中突然发生的、违反人们意志的、迫使行动暂时地或永久地停止，可能造成人员伤害、财产损失或环境污染的意外事件。

 二、事故的分类

为了对事故进行科学的研究，探索事故的发生规律和预防措施，需要对事故进行分类，事故按不同的分类方法有不同的分类。

1. 按事故中人的伤亡情况进行分类

《企业职工伤亡事故分类》（GB 6441—1986）把受伤害者的伤害分成以下三类。

（1）轻伤：损失工作日低于105天的失能伤害。

（2）重伤：损失工作日等于或大于105天的失能伤害。

（3）死亡：发生事故后当即死亡，包括急性中毒死亡，或受伤后在30天内死亡的事故（道路交通、火灾事故自发生之日起7日），或失踪30天后（道路交通、火灾事故自发生之日起7日）按死亡进行统计。

2. 按事故类别分类

《企业职工伤亡事故分类》综合考虑起因物、致害物和伤害方式等将事故分为20类，分别是物体打击、车辆伤害、机械伤害、起重伤害、触电、淹溺、灼烫、火灾、高处坠落、坍塌、冒顶片帮、透水、爆破、火药爆炸、瓦斯爆炸、锅炉爆炸、容器爆炸、其他爆炸、中毒和窒息、其他伤害。其中有些事故类型容易混淆，其说明见表3—1。

表3—1　　部分易混淆事故类型说明

序号	事故类别	说明
1	物体打击	是指物体在重力或其他外力的作用下产生运动，打击人体造成人身伤亡事故，包括落物、滚石、撞击、碎裂、崩块、砸伤等，不包括因机械设备、车辆、起重机械和坍塌等引发的物体打击
2	机械伤害	是指机械设备运动（静止）部件、工具、加工件直接与人体接触引起的夹击、碰撞、剪切、卷入、铰、碾、割、戳等，不包括车辆、起重机械引起的机械伤害
3	车辆伤害	是指企业机动车辆在行驶中引起的人体坠落和物体倒塌、飞落、挤压等伤亡事故，不包括起重设备提升、牵引车辆和车辆停驶时发生的事故
4	起重伤害	是指各种起重作业（包括起重机安装、检修、试验）中发生的挤压、坠落、（吊具、吊重）物体打击和触电等伤害
5	坍塌	建筑物、构筑物、堆置物倒塌及土石塌方引起的事故，不适用于矿山冒顶片帮及爆炸、爆破引起的坍塌事故
6	冒顶片帮	是指矿井、隧道、涵洞开挖、衬砌过程中因开挖或支护不当，顶部或侧壁大面积垮塌造成伤害的事故
7	淹溺	各种作业中落水及非矿山透水引起的溺水伤害

续表

序号	事故类别	说明
8	透水	适用于矿山开采及其他坑道作业发生时因涌水造成的伤害
9	爆破	由爆破作业引起的，包括因爆破引起的中毒
10	火药爆炸	是指火药、炸药及其制品在生产、加工、运输和储存过程中发生的爆炸事故

3. 按事故严重程度分类

《生产安全事故报告和调查处理条例》根据生产安全事故（简称事故）造成的人员伤亡或者直接经济损失将事故按严重程度分为以下四类：

（1）特别重大事故

特别重大事故是指造成30人以上死亡，或者100人以上重伤（包括急性工业中毒，下同），或者1亿元以上直接经济损失的事故。

（2）重大事故

重大事故是指造成10人以上30人以下死亡，或者50人以上100人以下重伤，或者5 000万元以上1亿元以下直接经济损失的事故。

（3）较大事故

较大事故是指造成3人以上10人以下死亡，或者10人以上50人以下重伤，或者1 000万元以上5 000万元以下直接经济损失的事故。

（4）一般事故

一般事故是指造成3人以下死亡，或者10人以下重伤，或者1 000万元以下直接经济损失的事故。

上述内容中所称的“以上”包括本数，所称的“以下”不包括本数。

4. 按事故后果分类

按照事故引发的事故后果可将事故分为以下四类。

（1）伤亡事故

伤亡事故简称伤害，是个人或集体在行动过程中，接触了与周围条件有关的外来能量，该能量作用于人体，致使人体生理机能部分或全部损伤的现象。在生产区域中发生的和生产有关的伤亡事故，称为工伤事故。

（2）一般事故

一般事故又称无伤害事故，是指人身没有受到伤害或只受轻微伤。

（3）未遂事故

未遂事故是指有可能造成严重后果，但由于其偶然因素，实际上没有造成严重后果的事件。

（4）二次事故

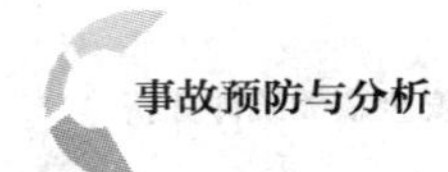

二次事故是指由外部事件或事故引发的事故。外部事件是指包括自然灾害在内的，与本系统无直接关联的事件。例如，发生在高速路上的几车连撞事故，就是典型的因事故引发的事故。

例题：某家具木材厂加工车间内用可移动式传送带传送物料，可移动式传送带的驱动电机使用 380 V 三芯电缆线供电，其铁制控制箱入口处的电缆线用布条缠绕固定。因控制箱随传送带经常移动，操作人员为图方便，只安装了一个螺栓固定。控制箱没有漏电保护装置，木材厂加工车间内粉尘浓度常年超标。某日，由于车间内木材堆积，影响传送带正常工作，现场操作人员未采取任何保护措施带电移动传送带。在移动过程中，三芯电缆线松动脱落，带电电缆短路打火，发生粉尘爆炸事故。事故造成 2 人当场死亡、1 人重伤。重伤者经 34 天抢救无效死亡。事故造成木材厂加工车间厂房部分坍塌，全厂停产，直接经济损失 800 余万元。

根据以上场景回答下列问题：

(1) 根据《企业职工伤亡事故分类》确定此次事故类别并说明理由。

参考答案：其他爆炸。

解析：除火药爆炸、瓦斯爆炸、锅炉爆炸和压力容器爆炸之外的爆炸统称为其他爆炸。

(2) 根据《生产安全事故报告和调查处理条例》(中华人民共和国国务院令第 493 号)，此次事故属于（　）。

A. 一般事故　B. 较大事故　C. 很大事故　D. 重大事故　E. 特别重大事故

参考答案：A

解析：死亡人数、重伤人数和直接经济损失取大作为判断事故等级的依据，受伤后在 30 天内死亡的事故可以统计为事故死亡人数，此案例中重伤者经 34 天抢救无效死亡，故不作为死亡人数统计，即死亡人数共 2 人，所以为一般事故。

三、事故统计的基本任务

1. 对每起事故进行统计调查，弄清事故发生的情况和原因。

2. 对一定时间内、一定范围内事故发生的情况进行测定。

3. 根据大量统计资料，借助数理统计手段，对一定时间内、一定范围内事故发生的情况、趋势以及事故参数的分布进行分析、归纳和推断。

事故统计的任务与事故调查是一致的。统计建立在事故调查的基础上，没有成功的事故调查，就没有正确的统计。调查要反映有关事故发生的全部详细信息，统计则抽取那些能反映事故情况和原因最主要的参数。

事故调查从已发生的事故中得到预防相同或类似事故的发生经验，是直接的、局部性的。而事故统计对于预防作用既有直接性，又有间接性，是总体性的。

四、事故统计分析的目的

事故统计分析的目的，是通过合理收集与事故有关的资料、数据，应用科学的统计方法，对大量重复显现的数字特征进行整理、加工、分析和推断，找出事故发生的规律和事故发生的原因，为制定法规、加强工作决策，采取预防措施，防止事故重复发生，起到重要指导作用。

五、事故统计的步骤

事故统计工作一般分为以下三个步骤：

1. 资料收集

资料收集又称统计调查，是根据统计分析的目的，对大量零星的原始材料进行技术分组。它是整个事故统计工作的前提和基础。资料收集是根据事故统计的目的和任务，制定调查方案，确定调查对象和单位，拟定调查项目和表格，并按照事故统计工作的性质，选定方法。我国伤亡事故统计是一项经常性的统计工作，采用报告法，下级按照国家制定的报表制度，逐级将伤亡事故报表上报。

2. 资料整理

资料整理又称统计汇总，是将收集的事故资料进行审核、汇总，并根据事故统计的目的和要求计算有关数值。汇总的关键是统计分组，就是按一定的统计标志，将分组研究的对象划分为性质相同的组。如按事故类别、事故原因等分组，然后按组进行统计计算。

3. 综合分析

综合分析是将汇总整理的资料及有关数值，填入统计表或绘制统计图，使大量零星资料系统化、条理化、科学化，是统计工作的结果。事故统计结果可以用统计指标、统计表、统计图等形式表达，有关内容在本章后续部分做详细阐述。

第二节 事故统计主要指标

一、事故统计指标体系

为了便于统计、分析、评价企业和部门的伤亡事故发生情况，需要规定一些通用的、统一的统计指标。在 1948 年 8 月召开的国际劳工组织会议上，确定了以伤亡事故频率和伤害严重率为伤亡事故的统计指标。

为了综合反映我国生产安全事故情况，国家安全生产监督管理局成立后，围绕安全生产工作的总体思路和部署，结合我国经济发展和行业特点，借鉴国外先进的生产安全事故指标体系和分析方法，对统计指标体系进行了改革，提出了适应我国的生产安全综合类伤亡事故统计指标体系和反映各行业特点的工矿企业（包括商贸流通企业）、道路交通、火灾、水上交通、铁路交通、民航飞行、农业机械、渔业船舶等行业伤亡事故统计指标体系。其中通用指标包含伤亡事故起数、死亡事故起数、死亡人数、重伤人数、轻伤人数、直接经济损失、损失工作日、重大事故起数、重大事故死亡人数、特大事故起数、特大事故死亡人数、特别重大事故起数、特别重大事故死亡人数、千人死亡率、千人重伤率、百万工时死亡率、重大事故率、特大事故率等。反映行业特点的有百万吨煤（钢）死亡率、万立方米木材死亡率等。

二、伤亡事故频率指标

1. 千人死亡率

千人死亡率表示某时期内，平均每千名职工中因伤亡事故造成死亡的人数。计算公式如下：

$$千人死亡率=\frac{死亡人数}{平均职工人数}\times 1\,000$$

2. 千人重伤率

千人重伤率表示某时期内，平均每千名职工因工伤事故造成的重伤人数。计算公式如下：

$$千人重伤率=\frac{重伤人数}{平均职工人数}\times 1\,000$$

3. 伤害频率

伤害频率表示某时期内，每百万工时的事故造成伤害的人数。伤害人数指轻伤、重伤、死亡人数之和。计算公式如下：

$$百万工时伤害率=\frac{伤害人数}{实际总工时}\times 10^6$$

三、伤害严重率指标

1. 伤害严重率

伤害严重率表示某时期内，每百万工时，事故造成的损失工作日数。计算公式如下：

$$伤害严重率=\frac{总损失工作日}{实际总工时}\times 10^6$$

2. 伤害平均严重率

伤害平均严重率表示每人次受伤害的平均损失工作日。计算公式如下：

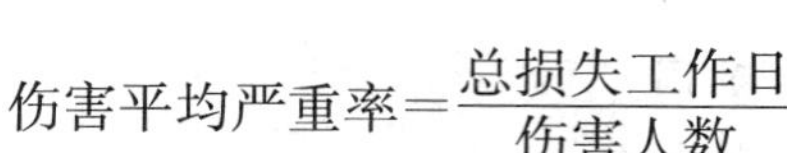

$$伤害平均严重率=\frac{总损失工作日}{伤害人数}$$

3. 按产品产量计算的死亡率

按产品产量计算的死亡率适用于以吨（t）、立方米（m^3）产量为计算单位的行业、企业使用。计算公式如下：

$$百万吨死亡率=\frac{死亡人数}{实际产量（t）}\times 10^6$$

$$万立方米木材死亡率=\frac{死亡人数}{木材产量（m^3）}\times 10^4$$

例题：A 焦化厂为民营企业，从业人员 1 000 人，2009 年发生生产安全事故 2 起、造成 2 人轻伤。

问：A 厂 2009 年百万工时伤害率是多少？

答：$百万工时伤害率=\frac{伤害人数}{实际总工时}\times 10^6$

伤害人数：2 人

实际总工时：

全部职工（或工人）的满勤工时数=全部职工（或工人）人数×（日历日数－非工作日数）×每日工作时间

实际总工时数=1 000×[365－104（双休日假期）－10（法定假期）]×8=2 008 000

$$\begin{aligned}百万工时伤害率&=\frac{伤害人数}{实际总工时}\times 10^6\\&=\frac{2}{2\ 008\ 000}\times 10^6\\&=1\end{aligned}$$

四、伤亡事故经济损失指标

伤亡事故经济损失计算方法和标准按照《企业职工伤亡事故经济损失统计标准》进行计算。伤亡事故经济损失是指企业职工在劳动生产过程中发生伤亡事故所引起的一切经济损失，包括直接经济损失和间接经济损失。

1. 直接经济损失

直接经济损失是指因事故造成人身伤亡及善后处理支出的费用和毁坏财产的价值。

2. 间接经济损失

间接经济损失是指因事故导致产值减少、资源破坏和受事故影响而造成其他损失的价值。

3. 直接经济损失的统计范围

（1）人身伤亡后所支出的费用

1）医疗费用（含护理费用）。

2）丧葬及抚恤费用。

3）补助及救济费用。

4）歇工工资。

（2）善后处理费用

1）处理事故的事务性费用。

2）现场抢救费用。

3）清理现场费用。

4）事故罚款和赔偿费用。

（3）财产损失价值

1）固定资产损失价值。

2）流动资产损失价值。

4. 间接经济损失的统计范围。

（1）停产、减产损失价值。

（2）工作损失价值。

（3）资源损失价值。

（4）处理环境污染的费用

（5）补充新职工的培训费用。

（6）其他损失费用。

5. 计算方法

（1）经济损失计算公式

$$E=E_d+E_i$$

式中 E——经济损失，万元；

E_d——直接经济损失，万元；

E_i——间接经济损失，万元。

（2）事故已处理结案而未能结算的医疗费、歇工工资等，采用测算方法计算。

（3）对分期支付的抚恤、补助等费用，按审定支出的费用，从开始支付日期累计到停发日期。

（4）固定资产损失价值按下列情况计算

1）报废的固定资产，以固定资产净值减去残值计算。

2）损坏的固定资产，以修复费用计算。

（5）流动资产损失价值按下列情况计算

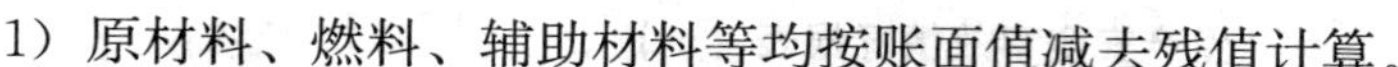

1）原材料、燃料、辅助材料等均按账面值减去残值计算。

2）成品、半成品、在制品等均以企业实际成本减去残值计算。

（6）停产、减产损失，按事故发生之日起到恢复正常生产水平时止，计算其损失的价值。

（7）工作损失价值计算公式

$$V_{\mathrm{w}}=\frac{D_{\mathrm{L}}M}{SD}$$

式中　V_{w}——工作损失价值，万元；

D_{L}——一起事故的总损失工作日数，死亡一名职工按 6 000 个工作日计算，受伤职工视伤害状况按 GB 6441—86 的附表确定，日；

M——企业上年税利（税金加利润），万元；

S——企业上年平均职工人数；

D——企业上年法定工作日数，日。

例题：事故的直接经济损失不包括（　　）。

A. 医疗费用　B. 企业停产损失费用　C. 事故罚款　D. 清理现场费用

E. 丧葬及抚恤费用

参考答案：B

解析：事故的直接经济损失包括人员伤亡后所支出的费用，如医疗费用、丧葬及抚恤费用、补助及救济费用、歇工工资等；事故善后处理费用，如处理事故的事务性费用、现场抢救费用、现场清理费用、事故罚款和赔偿费用等；事故造成的财产损失费用，如固定资产损失价值、流动资产损失价值等。不包括 B 项。

第三节　事故统计分析方法

一、描述统计法

描述统计主要是指在获得数据之后，通过分组、有关图表等对现象加以描述。

1. 事故统计表

事故统计表是企业、国家建立伤亡事故管理使用的原始记录，是进行事故统计分析的依据。为了做好伤亡事故的定期统计工作，国家安全生产监督管理总局 2014 年下发了《生产安全事故统计报表制度》，其中生产安全情况报表是最基层报表，用来收集和记录企业发生的事故信息，以其为基础可以派生出其他统计报表。生产安全情况报表见表 3—2 和表 3—3。

表 3—2

生产安全事故情况报表（一）

表　　号：工矿商贸 A1 表
制定机关：国家安全生产监督管理总局
批准机关：国家统计局
批准文号：国统制〔2014〕80 号
有效期至：2016 年 8 月 31 日

填表单位（签章）　　　　年　月

事故单位名称		登记注册类型	所属行业
单位地址	省（区、市）地区（市、州、盟）县（区、市、旗）	1. 国有企业 2. 集体企业 3. 股份合作企业 4. 联营企业 5. 有限责任公司 6. 股份有限公司 7. 私营企业 8. 港、澳、台商投资企业 9. 外商投资企业 10. 其他企业 □□	A. 农、林、牧、渔业 B. 采矿业 06 煤炭开采和洗选业 07 石油和天然气开采业 08 黑色金属矿采选业 09 有色金属矿采选业 10 非金属矿采选业 11 开采辅助活动 12 其他采矿业 C. 制造业 D. 电力、热力、燃气及水生产和供应业 E. 建筑业 F. 批发和零售业 G. 交通运输、仓储及邮政业 H. 住宿和餐饮业 I. 信息传输、计算机服务和软件业 J. 金融业 K. 房地产业 L. 租赁和商务服务业 M. 科学研究、技术服务 N. 水利、环境和公共设施管理业 O. 居民服务和其他服务业 P. 教育 Q. 卫生、社会保障和社会福利业 R. 文化、体育和娱乐业 S. 公共管理与社会组织 T. 国际组织 行业分类代码按国家标准《国民经济行业分类》(GB/T 4754—2011) 填写 □□□□
组织机构代码	□□□□□□□□—□		
邮政编码	□□□□□□		
期末从业人员数			
上级主管部门			
单位规模	1. 大型　2. 中型　3. 小型　4. 微型　□		
事故发生时间	年　月　日　时　分		
事故发生地点		单位合法性：□	
直接经济损失（万元）		1. 合法 2. 非法	

人员伤亡总数（人）				危险品种类：□	事故原因	事故类型
死亡（含失踪或下落不明）	重伤	急性工业中毒	轻伤	1. 危险化学品 2. 烟花爆竹	1. 技术和设计有缺陷 2. 设备、设施、工具附件有缺陷 3. 安全设施缺少或有缺陷 4. 生产场所环境不良 5. 个人防护用品缺少或有缺陷 6. 没有安全操作规程或不健全 7. 违反操作规程或劳动纪律 8. 劳动组织不合理 9. 对现场工作缺乏检查或指挥错误 10. 教育培训不够，缺乏安全操作知识 11. 施救不当　12. 其他　□□	1. 物体打击　2. 车辆伤害 3. 机械伤害　4. 起重伤害 5. 触电　6. 淹溺 7. 灼烫　8. 火灾 9. 高处坠落　10. 坍塌 11. 冒顶片帮　12. 透水 13. 爆破　14. 火药爆炸 15. 瓦斯爆炸　16. 锅炉爆炸 17. 容器爆炸　18. 其他爆炸 19. 中毒和窒息　20. 其他伤害 □□

煤矿填写

统计类别	煤矿类型	煤矿规模	地点
1. 煤炭生产 2. 基本建设　□	1. 央企、省属 2. 市地属 3. 其他　□	1. 大型 2. 中型 3. 小型　□	1. 地面 2. 采煤面 3. 掘进面 4. 上下山 5. 大巷 6. 井筒 7. 其他 □

持有证件

1. 采矿许可证　2. 安全生产许可证
3. 营业执照　4. 矿长安全资格证
□□□□

管理分类

1. 石油　2. 冶金　3. 有色　4. 建材　5. 地质　6. 机械　7. 医药　8. 纺织　9. 烟草　10. 电力　11. 贸易　12. 建筑　13. 水利　14. 邮政　15. 电信　16. 林业　17. 轻工　18. 旅游　19. 化工　20. 其他
□□

致害原因	事故类型
1. 冒顶　2. 片帮　3. 支架伤人　4. 放炮　5. 明电、火　6. 煤与瓦斯突出　7. 摩擦　8. 撞击　9. 失爆　10. 吸烟　11. 墩罐（坠罐）　12. 跑车　13. 轨道事故　14. 输送　15. 触电　16. 设备伤人　17. 跑浆　18. 坠落　19. 触响瞎炮　20. 地质水　21. 老空水　22. 地面水　23. 煤自燃　24. 设备引燃　25. 煤尘爆炸　26. CO 中毒　27. 窒息　□□	1. 顶板　2. 瓦斯　3. 机电　4. 运输　5. 爆破　6. 水害　7. 火灾　8. 其他　□□

起因物	致害物
1. 锅炉　2. 压力容器　3. 电气设备　4. 起重机械　5. 泵、发动机　6. 企业车辆　7. 船舶　8. 动力传送机构　9. 放射性物质及设备　10. 非动力手工具　11. 电动手工具　12. 其他机械　13. 建筑物及构筑物　14. 化学品　15. 煤　16. 石油制品　17. 水　18. 可燃性气体　19. 金属矿物　20. 非金属矿物　21. 粉尘　22. 梯　23. 木材　24. 工作面（人站立面）　25. 环境　26. 动物　27. 其他　□□	1. 煤、石油产品　2. 木材　3. 水　4. 放射性物质　5. 电气设备　6. 梯　7. 空气　8. 工作面（人站立面）　9. 矿石　10. 黏土、砂、石　11. 锅炉、压力容器　12. 大气压力　13. 化学品　14. 机械　15. 金属件　16. 起重机械　17. 噪声　18. 蒸气　19. 手工工具（非动力）　20. 电动手工工具　21. 动物　22. 企业车辆　23. 船舶　□□

不安全行为	不安全状态	事故概况
1. 操作错误、忽视安全、忽视警告　2. 造成安全装置失效　3. 使用不安全设备　4. 手代替工具操作　5. 物品存放不当　6. 冒险进入危险场所　7. 攀、坐不安全位置　8. 机器运转时加油、修理、检查、调整、焊接、清扫等工作　9. 有分散注意力行为　10. 在起吊物下作业、停留　11. 在必须使用个人防护用品用具的作业或场合中，忽视其使用　12. 不安全装束　13. 对易燃、易爆等危险物品处理错误　□□	1. 防护、保险、信号等装置缺乏或缺陷 2. 设备、设备、工具有缺陷 3. 个人防护用品缺少或有缺陷 4. 生产（施工）场地环境不良 5. 其他 □□	

单位负责人：　　统计负责人：　　填表人：　　联系电话：　　报出日期　　年　月　日

表 3—3　　生产安全事故情况报表（二）

表　　号：工矿商贸 A2 表
制定机关：国家安全生产监督管理总局
批准机关：国家统计局
批准文号：国统制〔2014〕80 号
有效期至：2016 年 8 月 31 日

填表单位（签章）　　年　月

姓名	性别	年龄	工种	工龄	文化	职业	死亡	重伤	急性工业中毒	死亡日期（年　月　日）	损失工作日（日）

单位负责人：　统计负责人：　填表人：　联系电话：　报出日期：　年　月　日

说明：

1. 工种：按国家工种分类填写（煤矿按煤矿工种填报）。
2. 文化程度：(1) 文盲；(2) 小学；(3) 初中；(4) 高中、中专；(5) 大专；(6) 大学；(7) 硕士以上。
3. 职业：按《职业分类与代码》(GB/T 6565—2009) 填写。
4. 损失工作日：按《事故伤害损失工作日标准》(GB/T 15499—1995) 计算。

2. 事故统计图

常用的伤亡事故统计图主要有柱状图、趋势图、控制图、饼状图等。

(1) 柱状图

柱状图以柱状图形来表示各统计指标的数值大小。由于它绘制容易、清晰醒目，所以应用十分广泛，如图 3—1 所示。在进行伤亡事故统计分析时，有时需要把各种因素的重要程度直观地表现出来，这时可以利用排列图（或称主次因素排列图）来实现。绘制排列图时，把统计指标（通常是事故频数、伤亡人数、伤亡事故频率等）数值最大的因素排列在柱状图的最左端，然后按统计指标数值的大小依次向右排列，并以折线表示累计值（或累计百分比），如图 3—2 所示。

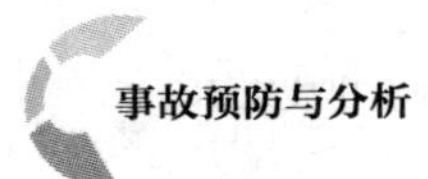

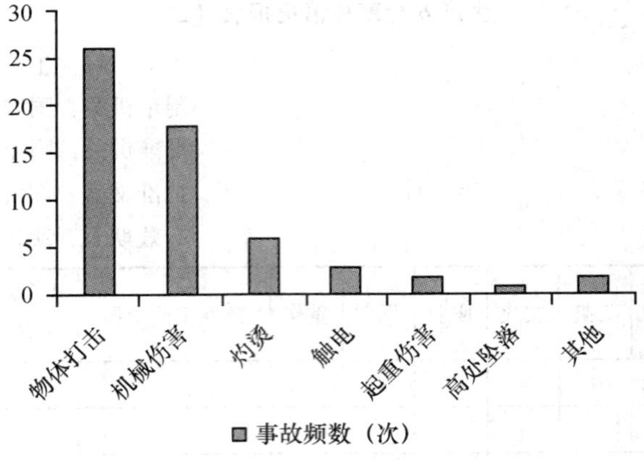

图 3—1　伤亡事故发生次数柱状图

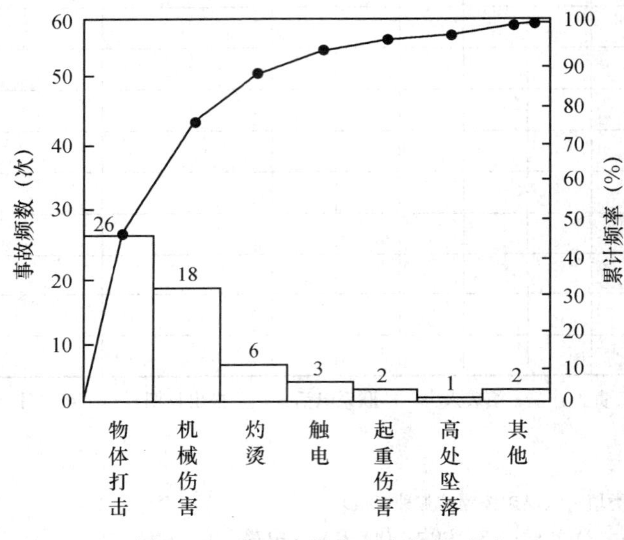

图 3—2　伤亡事故发生次数排列图

（2）事故发生趋势图

伤亡事故发生趋势图是一种折线图。它用不间断的折线表示各统计指标的数值大小和变化，最适合表现事故发生与时间的关系。按照时间顺序对比不同时期的伤亡事故统计指标，展示伤亡事故发生趋势和评价某一时期内企业的安全状况。例如，2001—2010 年我国煤矿安全生产趋势曲线图反映出我国煤矿安全生产呈现逐年好转趋势，如图 3—3 所示。

（3）伤亡事故控制图

控制图（control chart）由美国休哈特博士（W. A. Shewhart）于 1924 年首创，它是根据概率论数理统计学原理而制作的一种图形，其作用是从动态上反映过程是否处于正常稳定的状态，并且为保证过程在预期的时间内始终处于正常稳定状态而进行

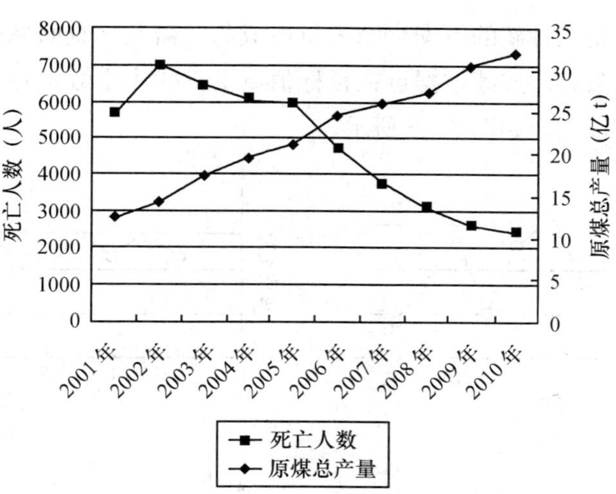

图 3—3　2001—2010 年我国煤矿安全生产趋势曲线图

统计控制。

控制图的基本模式如图 3—4 所示。在利用控制图进行统计分析时，首先计算一定时期内统计指标的平均值 λ（或人为制定一个合理的目标值），然后分别计算控制上限 U 和控制下限 L，计算公式如下：

$$U=\lambda+2\sqrt{\lambda}$$

$$L=\lambda-2\sqrt{\lambda}$$

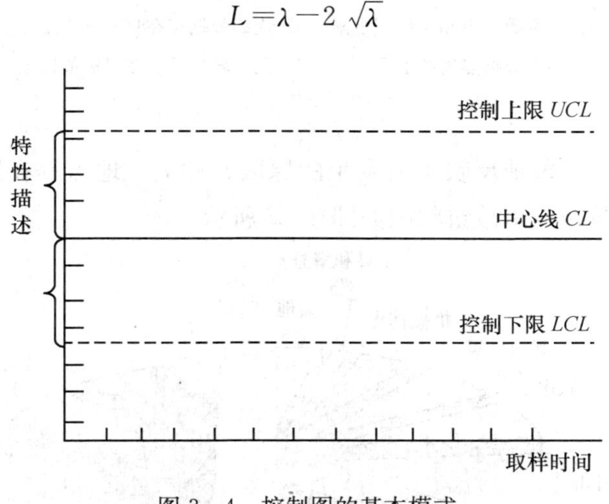

图 3—4　控制图的基本模式

如果统计指标值总是围绕一个平均值（目标值）上下波动且总是处于控制上限和控制下限之间，则说明情况未发生实质性的变化，指标值的波动主要是由随机因素引起的。也就是说，处于控制上限和控制下限之间的围绕平均值波动的数据点可看作是等价的，当出现以下四种情况之一时，则可认为安全状况发生了显著恶化，该恶化不是随机出现的，而是某种新的不安全因素所造成的，需及时查明原因并改正：①个别数据点超出控制上限；②连续数据点在目标值以上；③多个数据点连续上升；④大多数数据点在目标值以上，如图 3—5 所示。

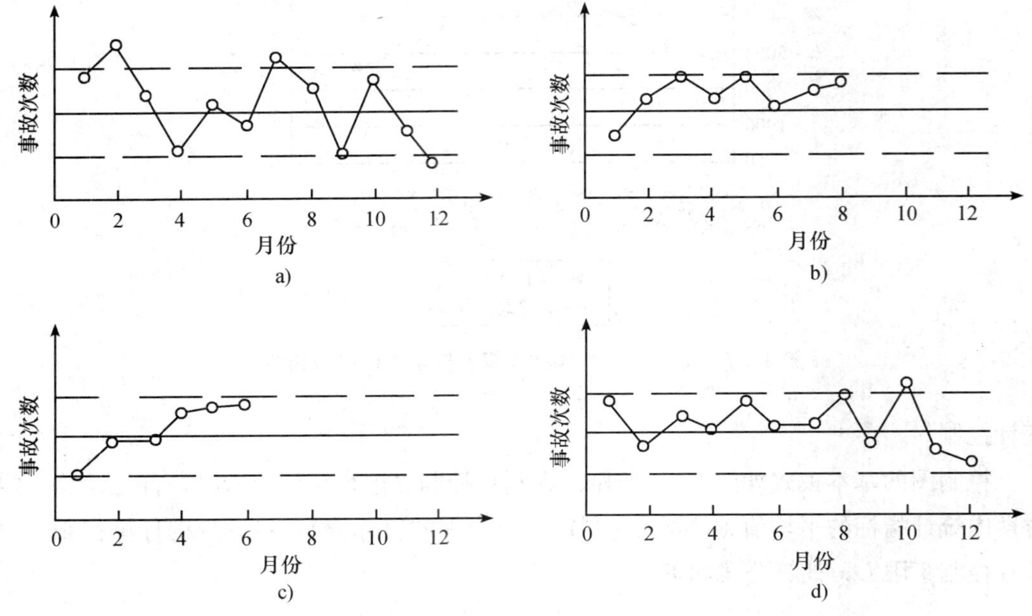

图 3—5　异常伤亡事故控制图

a）个别数据点超出控制上限　b）连续数据点在目标值以上

c）多个数据点连续上升　d）大多数数据点在目标值以上

（4）饼状图

事故饼状图可以形象地反映事故发生的原因、种类、地点等在所发生的事故中所占的百分比。某建筑企业事故饼状图如图 3—6 所示。

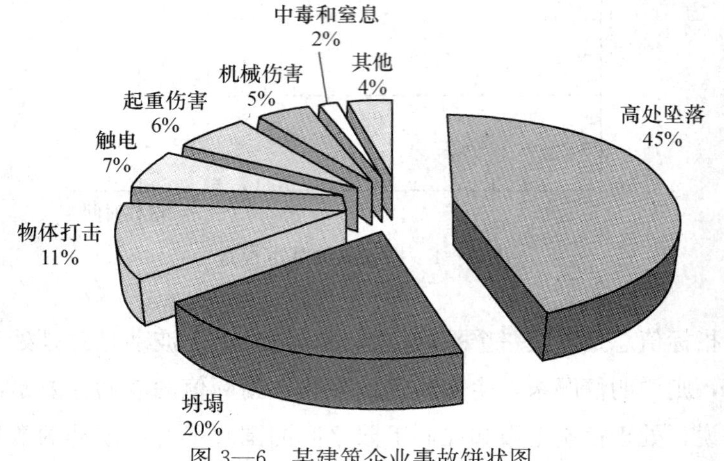

图 3—6　某建筑企业事故饼状图

二、推理统计法

推理统计法是指通过抽样调查等非全面调查，在获得样本数据的基础上，以概率论和数理统计为依据，对总体情况进行科学推断。通过建立回归模型对现象的依存关系进行模拟、对未来情况进行预测。在伤亡事故发生趋势预测方法中，回归预测法简单易行，具有定准确度，因而被广泛应用。此外，还有指数平滑法、灰色系统预测法等方法。

复习思考题

1. 新闻报道：2013 年全国安全生产工作取得积极进展和明显成效，各类事故起数和死亡人数同比分别下降 8.2％和 3.5％、较大事故下降 17.8％和 17.2％、重特大事故下降 16.9％和 5.9％，其中煤矿事故起数和死亡人数同比下降 22.5％和 22.9％，煤矿百万吨死亡率下降 23％。但形势依然严峻，全国仍有 15 个省份发生了 1～2 起重大事故、8 个省份发生了 3 起及以上重大事故、吉林和山东各发生 2 起特别重大事故。请解释上述报道中的事故分类方法和事故统计指标。

2. 某钢厂 2010 年平均在籍职工 60 000 人，年产量 250 万 t。该年度内因工伤事故死亡 2 人、重伤 3 人、轻伤 120 人。因重伤损失工作日累计 8 000 日，轻伤损失工作日累计为 9 600 日。试计算千人死亡率、千人重伤率、伤害频率、伤害严重率、伤害平均严重率、百万吨钢死亡率（设每人每年工作 300 天，每天工作 8h）。

实训三

一、实训目标

1. 了解事故统计工作的基本步骤。

2. 了解事故统计的范围、内容和要求。

3. 结合具体情境进行事故分类，绘制事故统计图，编制事故统计表。

二、任务描述

以某安全生产监督管理局为例，模拟监管人员对行政区域内发生的生产安全事故进行全面统计，填写生产安全情况报表，并以年为周期绘制该行政区域事故柱状图、饼状图、事故发生趋势图和伤亡事故控制图。

三、任务准备

1. 实训依据准备

(1)《安全生产法》第八十六条。

(2)《关于印发〈生产安全事故统计报表制度〉的通知》(安监总统计〔2014〕103号)。

2. 实训材料准备

(1) 生产安全情况报表。

(2) 实训用纸若干。

(3) 小组合作实训过程考评记录表(教师用)。

四、知识要点

1. 事故的分类。

2. 伤亡事故经济损失指标。

3. 描述统计法。

五、实训过程

1. 明确事故统计的法律依据与基本步骤。

2. 事故资料收集及整理。

3. 填写生产安全情况报表。

4. 绘制事故柱状图、饼状图、事故发生趋势图和伤亡事故控制图。

六、注意事项

1. 实训前熟悉安全类应用文体的格式与要求。

2. 分组进行角色扮演,完成实训报告。

七、总结与思考

1. 事故统计由哪些部门组织实施?统计的目的、范围和内容分别包括哪些方面?

2. 如何填写生产安全情况报表?

3. 描述统计法中常用的伤亡事故统计图、表有哪些?

第四章 事故预防与控制

本章学习目标

1. 理解事故预防的基本理论，掌握事故预防的3E原则。
2. 了解作业场所职业病危害与预防措施。
3. 熟悉防止人失误和不安全行为的措施。
4. 熟悉预防事故的安全技术措施。
5. 了解风险与保险的含义，了解保险的种类及作用。

第一节 事故预防理论

一、海因里希工业安全公理

海因里希在20世纪20—30年代总结了当时工业安全的实际经验，在《工业事故预防》一书中提出了“工业安全公理”。该公理包括10项内容，又称为“海因里希10条”。

1. 工业生产过程中人员伤亡的发生，往往是处于一系列因果连锁末端的事故的结果；而事故常常起因于人的不安全行为或（和）机械、物质（统称为物）的不安全状态。

2. 人的不安全行为是大多数工业事故的原因。

3. 由于不安全行为而受到了伤害的人，几乎重复了300次以上没有造成伤害的同样事故。换言之，人员在受到伤害之前，已经数百次面临来自事故方面的危险。

4. 在工业事故中，人员受到伤害的严重程度具有随机性质。大多数情况下，人员在事故发生时可以免遭伤害。

5. 人员产生不安全行为的主要原因

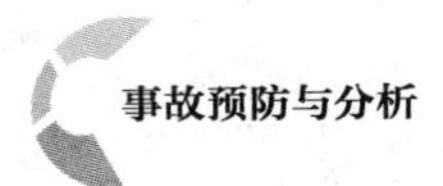

（1）态度不正确。

（2）缺乏知识或操作不熟练。

（3）身体状况不佳。

（4）物的不安全状态及不良的物理环境。

这些原因是采取措施预防不安全行为的依据。

6. 防止工业事故的四种有效的方法是工程技术方面的改进；对人员进行说服、教育；人员调整；惩戒。

7. 防止事故的方法与企业生产管理、成本管理及质量管理的方法类似。

8. 企业领导者有进行事故预防工作的能力，并且能把握进行事故预防工作的时机，因而应该承担预防事故工作的责任。

9. 专业安全人员及车间干部、班组长是预防事故的关键，他们工作的好坏对能否做好事故预防工作有影响。

10. 除了人道主义动机之外，下面两种强有力的经济因素也是促进企业事故预防工作的动力。

（1）安全的企业生产效率更高，不安全的企业生产效率更低。

（2）事故后用于赔偿及医疗费用的直接经济损失，一般只占事故总经济损失的1/5。

海因里希在这个公理中阐述了以下内容：

——事故发生的因果连锁论。

——作为事故发生原因的人的因素与物的因素之间的关系问题。

——事故发生频率与伤害严重度之间的关系问题。

——不安全行为的产生原因及预防措施。

——事故预防工作与企业其他管理机能之间的关系。

——进行事故预防工作的基本责任。

——安全与生产之间的关系等。

这些都是工业安全中最重要、最基本的问题。

二、事故预防工作五阶段模型

海因里希指出，事故预防是为了控制人的不安全行为、物的不安全状态而开展的以某些知识、态度和能力为基础的综合性工作，一系列相互协调的活动。很早以来，人们就通过如图 4—1 所示的一系列努力来防止工业事故的发生。掌握事故发生及预防的基本原理，拥有对人类、国家、劳动者负责的基本态度，以及从事事故预防工作的知识和能力，是开展事故预防工作的基础。在此基础上，事故预防工作包括以下五个阶段的努力：

<table>
<tr><td rowspan="2"></td><td colspan="3">实施改进措施</td><td rowspan="2">5</td></tr>
<tr><td></td><td>监督
教育技术</td><td></td></tr>
<tr><td rowspan="2"></td><td colspan="3">选择改进措施</td><td rowspan="2">4</td></tr>
<tr><td>人员调整配置</td><td>指导
说服教育
技术改进</td><td>作为最后手段的训练</td></tr>
<tr><td rowspan="2"></td><td colspan="3">分析原因</td><td rowspan="2">3</td></tr>
<tr><td>频率
严重度
场所
工种</td><td>直接原因
间接原因
主要原因
次要原因</td><td>事故类型
作业
工具及设备
障碍物</td></tr>
<tr><td rowspan="2"></td><td colspan="3">发现事实</td><td rowspan="2">2</td></tr>
<tr><td>调查
检查
观察</td><td>记录的再研究</td><td>询问
判断
研究</td></tr>
<tr><td rowspan="2"></td><td colspan="3">健全组织</td><td rowspan="2">1</td></tr>
<tr><td>安全管理人员</td><td>领导支持
系统的规程
创造及关心</td><td>安全技术人员</td></tr>
</table>

图 4—1　事故预防五阶段模型

1. 建立健全事故预防工作组织，形成由企业领导牵头，包括安全管理人员和安全技术人员在内的事故预防工作体系，并切实发挥其效能。

2. 通过实地调查、检查、观察及对有关人员的询问，加以认真的判断、研究，以及对事故原始记录的反复研究，收集第一手资料，找出事故预防工作中存在的问题。

3. 分析事故及不安全问题产生的原因。包括弄清伤亡事故发生的频率、严重程度、场所、工种、生产工序、有关的工具、设备及事故类型等，找出其直接原因和间接原因、主要原因和次要原因。

4. 针对分析得到的事故和不安全问题的原因，选择恰当的改进措施。改进措施包括工程技术方面的改进、对人员说服教育、人员调整、制定及执行规章制度等。

5. 实施改进措施。通过工程技术措施实现机械设备、生产作业条件的安全，消除物的不安全状态；通过人员调整、教育、训练，消除人的不安全行为。在实施过程中要进行监督。

以上对事故预防工作的认识被称为事故预防工作五阶段模型。该模型包括了企业事故预防工作的基本内容。但是，它以实施改进措施作为事故预防的最后阶段，不符合“认识—实践—再认识—再实践”的认识规律以及事故预防工作永无止境的客观规律。因此，对事故预防五阶段模型进行改进，得到如图 4—2 所示的模型。

事故预防工作是一个不断循环进行、不断提高的过程，不可能一劳永逸。在这里，预防事故的基本方法是安全管理，它包括资料收集，对资料进行分析来查找原因，选择改进措施，实施改进措施，对实施过程及结果进行监测和评价。在监测和评价的基础上再收集资料，发现问题。

事故预防工作的成败取决于有计划、有组织地采取改进措施的情况。特别是执行者工作的好坏至关重要。因此，为了获得预防事故工作的成功，必须建立健全事故预防工作组织，采用系统的安全管理方法，从组织上、制度上保持广大干部、职工对事故预防工作的关心，做好日常安全管理工作。

改进的事故预防模型如图 4—2 所示。

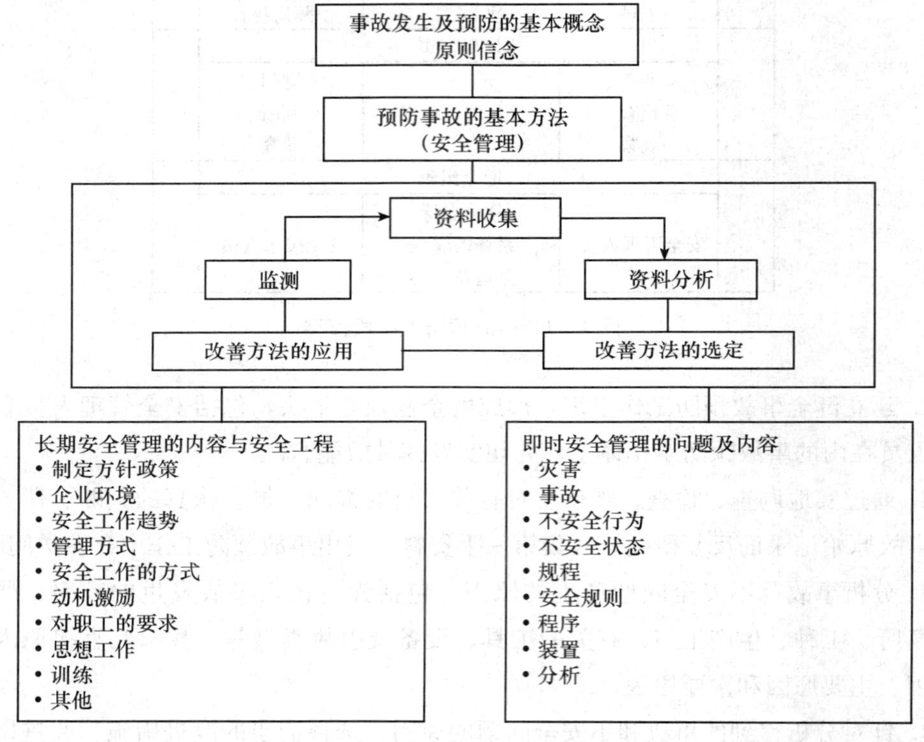

图 4—2　改进的事故预防模型

海因里希认为，建立与维持职工对事故预防工作的兴趣是事故预防工作的第一原则，其次是要不断分析问题和解决问题。

改进措施可分为直接控制人员操作及生产条件的即时措施，以及通过指导、训练和教育逐渐养成安全操作习惯的长期的改进措施。前者对现存的不安全状态及不安全行为立即采取措施解决；后者用于克服隐藏在不安全状态及不安全行为背后的深层原因。

如果有可能运用技术手段消除危险状态，实现本质安全，则不管是否存在人的不安全行为，都应该首先考虑采取工程技术上的对策。当某种人的不安全行为引起了或可能引起事故，而又没有恰当的工程技术手段防止事故发生时，则应立即采取措施防止不安全行为重复发生。这些即时的改进对策是十分有效的。然而，绝不能忽略了所有造成工人不安全行为的背后原因，这些原因更重要。否则，改进措施仅仅解决了表面的问题，而事故根源没有被铲除掉，以后还会发生事故。

三、事故预防的3E原则

1. 发生事故的原因

海因里希把造成人的不安全行为和物的不安全状态的主要原因归结为四个方面的问题：

（1）不正确的态度

个别职工忽视安全，甚至故意采取不安全行为。

（2）技术、知识不足

缺乏安全生产知识，缺乏经验，或技术不熟练。

（3）身体不适

生理状态或健康状况不佳，如听力、视力不良，反应迟钝、疾病、醉酒或其他生理机能障碍。

（4）不良的工作环境

照明、温度、湿度不适宜，通风不良，强烈的噪声、振动，物料堆放杂乱，作业空间狭小，设备、工具缺陷等不良的物理环境，以及操作规程不合适、没有安全规程，其他妨碍贯彻安全规程的事物。

2. 3E原则

对这四个方面的原因。海因里希提出了防止工业事故的四种有效的方法，后来被归纳为众所周知的3E原则，即对事故的预防与控制应从安全技术（Engineering）、安全教育（Education）、安全管理（Enforcement）三个方面入手，采取相应措施。

（1）安全技术

安全技术对策是以工程技术手段解决安全问题，预防事故发生及减少事故造成的伤害和损失，是预防和控制事故的最佳安全措施。评价一个设计、设备、工艺过程是否安全，可从以下几个方面加以考虑。

1）防止人失误的能力。必须能够防止在装配、安装、检修或操作过程中发生的可能导致严重后果的人的失误。如单项电源插头，规定火线、零线、地线的分布呈等腰三角形而非正三角形，还规定了三线各自的位置，这样就可以避免因插错位置而造成事故。

2）对人失误后果的控制能力。人的失误是不可能完全避免的，因此一旦人发生可能导致事故的失误时，应能控制或限制有关部件或元件的运行，保证安全。如触电保安器就是在人失误触电后防止对人造成伤害的一种技术措施。

3）防止故障传递的能力。应能防止一个部件或元件的故障引起其他部件或元件的故障，以避免事故的发生。如电气线路中的保险丝，压力锅上的易熔塞。后者在限压阀发生故障或堵塞时，自动熔开以释放压力，避免因压力过高引发锅体爆炸；前者也是以熔断的方式防止过电流对其他设备的损害。

4）失误或故障导致事故的难易。应能保证有两个或两个以上相互独立的人失误或故障，或一个失误，一个故障同时发生才能导致事故发生。对安全水平要求较高的系统，则应通过技术手段保证至少 3 个或更多的失误或故障同时发生才会导致事故的发生。如常用的并联冗余系统就可以达到这个目的。

5）承受能量释放的能力。运行过程中偶然可能会产生高于正常水平的能量释放，应采取措施使系统能够承受这种释放。如加大系统的安全系数就是其中的一种方法。

6）防止能量蓄集的能力。能量蓄集的结果将导致意外的过量的能量释放。因而应采取防止能量蓄集的措施，使能量不能积聚到发生事故的水平。如矿井通风就可以防止瓦斯积聚到爆炸的水平，避免事故发生。

安全技术可以划分为预防事故发生的安全技术和防止或减轻事故损失的安全技术，这是事故预防和应急措施在技术上的保证。

（2）安全教育

安全教育是事故预防与控制的重要手段之一。安全教育实际上应包括安全教育和安全培训两大部分。安全教育是通过各种形式，包括学校的教育、媒体宣传、政策导向等，努力提高人的安全意识和素质，学会从安全的角度观察和理解要从事的活动和面临的形势，用安全的观点解释和处理自己遇到的新问题。安全教育主要是一种意识的培养，是长时期甚至贯穿于人的一生的教育，并在人的所有行为中体现出来，而与其所从事的职业并无直接关系。安全培训虽然也包含有关教育的内容，但其内容相对于安全教育要具体得多，范围要小得多，主要是一种技能的培训。安全培训的主要目的是使人掌握在某种特定的作业或环境下正确并安全地完成其应完成的任务，故也有人把在生产领域的安全培训称为安全生产教育。

（3）安全管理

在控制事故的措施中，安全技术对策是最佳选择，因为它不受人的行为的影响，并有极高的安全性和可行性，而安全教育对策与人的沟通方式也极易为大多数人所接受。但遗憾的是，由于技术水平、经济条件等因素的制约，安全技术对策在大多数情况下不能保证系统的安全性达到人们所能接受的状态，而管理者又不能仅仅依靠安全教育的方法保证所有人都能自觉遵守各项安全规章制度，同时具备较高的安全意识。

因此，安全管理对策成为必不可少的一种控制人的行为，进而成为控制事故的重要手段。

安全管理对策是“3E”对策之一，其英文单词“Enforcement”原意是“强制”“实施”。即用各项规章制度、奖惩办法约束人的行为和自由，达到控制人的不安全行为、减少事故的目的。在现实社会中，在经济及技术都有较大局限性的今天，这种对策仍起着十分重要的作用。即使在高度现代化、高度文明的未来社会，通过管理手段提高效率、降低事故率也不失为一种很好的选择。

第二节　作业场所职业病危害防治与环境保护

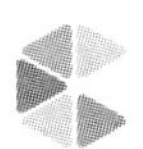

一、建筑卫生学简介

建筑卫生学是从医学和卫生学的角度出发，将有关医学、卫生学研究成果运用于建筑设计的各个阶段，从而使最终完成的建筑环境能达到符合相应的医学、卫生学要求，以保障人们有健康卫生的生产、生活、工作环境，避免造成“病态建筑”（Sick Building）或引起人们患“建筑病”。

建筑卫生学从基本建筑程序来看，覆盖了从工程可行性研究到施工图设计、竣工使用的全过程。其主要包括采暖、通风、空调、采光、照明、墙体、墙面、地面、建筑物朝向、间距、结构等。

二、生产环境中的物理因素职业病危害与预防

生产和工作环境中，存在着许多物理性因素。目前生产中经常接触的物理因素有：气象条件如气温、气湿、气流、气压；噪声和振动；电磁辐射如X射线、γ射线、紫外线、可见光、红外线、激光、微波和射频辐射等。这些可能引起中暑、手臂振动病、电光性皮炎和电光性眼炎等职业病及职业有关疾病。物理因素的特点为：来源明确，自然存在，参数特定，强度均匀，作用不匀称。

目前，对于许多物理因素引起的严重损伤，尚缺乏有效治疗措施，对于物理因素的职业危害，主要应加强预防措施。物理因素的预防，在各个环节都有可行、有效的方法。在技术措施中，加强“源”的控制十分重要，如辐射源、声源和热源的屏蔽。由于物理因素向外传播的方向和途径容易确定，在传播过程中加以控制也能收到较好的效果。如果采用技术方法不能有效控制有害因素，采取个人防护措施也是切实可行的方法，如穿防护服，戴防护眼镜或眼罩、耳塞或耳罩等。

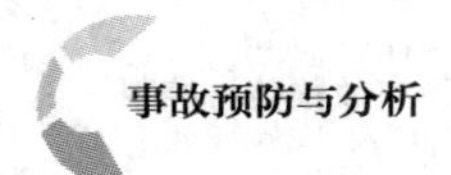

三、生产环境中的化学因素职业病危害与预防

1. 生产性毒物

化学危害因素主要包括生产性毒物（如铅、苯、汞、锰、一氧化碳、氨、氯气等）与生产性粉尘（如矽尘、煤尘、石棉尘、水泥粉尘、有机性粉尘、金属粉尘等）。

在工业生产中，对人体有害的物质，称为生产性毒物或工业毒物。毒物在生产过程中以多种形式出现，同一种化学物质在不同生产过程中呈现的形式也不同。毒物的来源主要有以下几个方面：

（1）生产原料，如生产颜料、蓄电池使用的氧化铅，生产合成纤维、染料使用的苯等。

（2）中间产品，如用苯和硝酸生产苯胺时，产生的硝基苯。

（3）成品，如农药厂生产的各种农药。

（4）辅助材料，如橡胶、印刷行业用作溶剂的苯和汽油。

（5）副产品及废弃物，如炼焦时产生的煤焦油、沥青，冶炼金属时产生的二氧化硫。

（6）夹杂物，如硫酸中混杂的砷等。

生产性毒物在生产过程中常以气体、蒸气、粉尘、烟和雾的形态存在并污染空气环境。如氯化氢、氰化氢、二氧化硫、氯气等在常温下呈气态的物质是以气体形态污染空气的。一些沸点低的物质是以蒸气污染空气的，如喷漆作业中的苯、汽油、醋酸乙酯等。在喷洒农药时的药雾、喷漆时的漆雾、电镀时的铬酸雾、酸洗时的硫酸雾等，是以雾的形态污染空气的。冶炼铜时产生的氧化锌烟，焊接时的铅烟是以烟的形态污染空气的。弄清楚生产性毒物以什么形态存在，对了解毒物进入人体的途径、制定预防控制措施，以及采集空气样品、测定毒物浓度都有重要意义。

2. 毒物进入人体的途径

（1）呼吸道

呼吸道是最常见和主要的途径。呈气体、气溶胶（粉尘、烟、雾）状态的毒物均可经呼吸道进入人体，其危害的主要部位是支气管和肺泡。经呼吸道吸收的毒物吸入肺泡后，很快能通过肺泡壁进入血液循环中，毒物随肺循环血液而流回心脏，然后不经过肝脏解毒，即直接进入体循环而分布到全身各处。一般来讲，空气中毒物浓度越高，粉尘状毒物粒子越小，毒物在体液中的溶解度越大，经呼吸道吸收的速度就越快。

（2）皮肤

在生产中，毒物经皮肤吸收而中毒者也较常见。某些毒物可透过完整的皮肤进入体内。皮肤吸收的毒物一般是通过表皮屏障到达真皮，进入血液循环的。脂溶性毒物

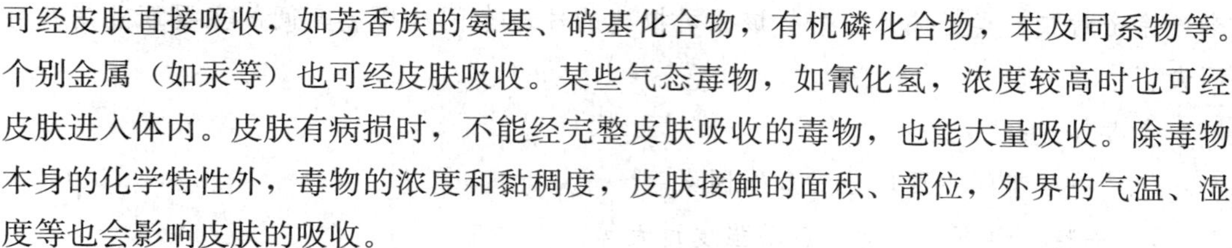

可经皮肤直接吸收，如芳香族的氨基、硝基化合物，有机磷化合物，苯及同系物等。个别金属（如汞等）也可经皮肤吸收。某些气态毒物，如氰化氢，浓度较高时也可经皮肤进入体内。皮肤有病损时，不能经完整皮肤吸收的毒物，也能大量吸收。除毒物本身的化学特性外，毒物的浓度和黏稠度，皮肤接触的面积、部位，外界的气温、湿度等也会影响皮肤的吸收。

（3）消化道

在生产环境中，单纯从消化道吸收而引起中毒的机会比较少见。往往是由于手被毒物污染后直接用污染的手拿食物吃，而造成毒物随食物进入消化道。消化道吸收毒物的主要部位在小肠，尤其脂溶性毒物在肠内吸收较快。绝大部分由肠道吸入血循环的毒物，都将流经肝脏，一部分被解毒转化为无毒或毒性较小的物质，另一部分随胆汁分泌到肠腔，随排泄物排出体外，其中少部分可被吸收。有的毒物如氰化氢，在口腔内即可经黏膜吸收。

3. 毒物对人体的危害

按照职业危害因素（毒物）作用的性质，对人体的危害可分为刺激性、腐蚀性、窒息性、麻醉性、溶血性、致敏性、致癌性、致突变性、致畸性等。

毒物的危害主要是对呼吸系统、神经系统、血液系统、泌尿系统、消化系统以及皮肤、眼等部位的危害。接触生产性毒物在一定程度内，机体不一定受到损害，即毒物导致机体中毒是有条件的，而中毒程度与特点取决于诸多因素。

4. 尘肺病

尘肺病是不少国家目前最严重的一种职业病，特别在发展中国家更是如此。在矿山、水电等工程建设过程中，可能发生尘肺的主要工种有开挖各工种、风钻工、爆破工、水泥搬运与拆包工、破碎工、筛分工、电焊工、喷砂除锈工以及其他生产过程中接触各种粉尘的工人。

5. 职业中毒

由于接触生产性毒物引起的中毒，称为职业中毒。毒物一次或短时间内大量进入人体后可引起急性中毒；长期过量接触毒物可引起慢性中毒；短期内接触较高浓度的毒物可引起亚急性中毒。由于毒物作用特点不同，有些毒物在生产条件下只引起慢性中毒，如铅中毒、锰中毒等；而有些毒物常可引起急性中毒，如甲烷、一氧化碳、氯气等。由于毒物的毒作用特点不同，表现上差异较大。

例题：某公司拟建年产 6 万辆轿车的生产流水线。利用原有的冲焊联合厂房和涂装联合厂房设置了冲压车间、焊装车间、涂装车间和总装车间。该项目的原材料为钢板，主要辅助材料为涂料（主要成分为苯系物、溶剂汽油）、焊丝等。

冲压车间的生产工艺流程为：备料（开卷落料丝）—冲压成型（各冲压线）—检验（专用检具）—入库。焊装车间的主要生产工艺流程为：组合—焊接—补焊—检

查—涂密封胶—车身调整。分析该公司拟建的冲压车间和焊装车间的主要职业病危害因素。

参考答案：

(1) 冲压车间主要职业病危害因素

1) 备料：噪声、振动、劳动强度过大等。

2) 冲压成型：噪声、振动、有毒物质（润滑油雾）等。

3) 入库：噪声。

(2) 焊装车间主要职业病危害因素

1) 组合：噪声。

2) 焊接、补焊：非电离辐射、电焊烟尘（氧化铁、氧化锰等）、臭氧、氮氧化物、一氧化碳、局部振动、高温等。

3) 涂密封胶：有毒物质（苯、甲苯、二甲苯等）。

4) 车身调整：噪声、振动。

四、作业场所环境保护

多年的防治工业有害物实践证明，在大多数情况下，单独依靠一种方法来控制有害物的危害，既不经济，也很难能达到预期的效果，必须采取综合措施：改进工艺设备和生产操作方法，从根本上防止和减少有害物的产生；采用通风措施控制有害物；建立严格的检查管理制度。

第三节　防止人失误和不安全行为

一、人的失误与不安全行为

1. 人的信息处理过程

人在自身因素基础上，处理环境因素的刺激程度，是决定人的行为性质的关键。人对环境因素或外界信息刺激的处理过程，称为人的信息处理过程。

信息输入大脑，经处理后形成决策。通过神经向相应的器官传达决策指令，转化为行为；行为形成后，器官又通过神经把行为反馈给大脑，以对行为的正确程度进行监测。

人能够正确执行决策所确定的行为，对创造良好的人机控制条件是非常重要的。

2. 人失误

近年来，关于人的失误定义已有多种阐述，综合而言，基本上是指人不能精确、恰当、充分、可接受地完成其所规定的绩效标准范围内的任务。造成事故的行为，必定是不安全行为。人失误指人的行为结果，偏离了规定的目标或超出可接受的界限，并产生了不良影响的行为。在生产作业中，人失误是不可避免的副产物。

（1）人失误具有与人能力的可比性

工作环境可诱发人失误，人失误是不可避免的，因此，在生产中凭直觉、靠侥幸，是不能长期成功地维持安全生产的。

当编制操作程序和操作方法时，只侧重考虑生产和产品条件，忽视人的能力与水平，有促使发生人失误的可能。

（2）人失误的类型

在各种性质、类型的生产活动中，从事生产活动的各类操作人员，都可能发生人失误。而操作者的不安全行为，则能导致人失误而发生事故。可以认为事故也是人失误直接导致的结果。发生于管理者的人失误，表现为决策或管理失误，这种人失误具有更大的危险性。

人失误在不同条件下，不同的起因所引发的人失误不属于同一类型。

随机失误。由人的行为、动作的随机性质引起的人失误，属于随机失误。与人的心理、生理原因有关。随机失误往往是不可预测，也不重复出现的。操作时用力的大小、时间差、遗忘等现象，属于随机失误的不同表现。

系统失误。由系统设计不足或人的不正常状态引发的人失误属于系统失误。系统失误与工作条件有关，类似的条件可能引发失误再出现或重复发生。在人形成习惯后，不能适应操作程序变化或偶然情况时，系统失误会明显出现。改善工作条件，加强职业训练可以克服系统失误。

（3）人失误的表现

出现失误结果以后，一般是很难预测的。比如遗漏或遗忘现象，把事弄颠倒，没按要求或规定的时间操作，无意识动作，调整错误，进行规定外的动作等。

（4）人的信息处理过程失误

可以认为，人失误现象是人对外界信息刺激反应的失误，与人自身的信息处理过程与质量有关，与人的心理紧张度有关。

人在进行信息处理时，必然要出现失误，是客观的倾向。信息处理失误的表现较复杂，一般表现为简单化、依赖性、选择性、经验主义、简单推断、粗枝大叶等。

信息处理失误倾向，都可能导致人失误。在工艺、操作、设备等进行设计时，采取一些预防失误倾向的措施，对克服失误倾向是极为有利的。

（5）心理紧张与人失误的关联

人的大脑意识水平降低，直接引起信息处理能力的降低，影响人对事物注意力的集中，降低警觉程度。意识水平的降低是发生人失误的内在原因。

工作要求与人的信息处理能力相适应时，人处在最优的心理紧张状态，此时，人的心理紧张程度最优，大脑意识水平处于能动状态，处理信息的能力极高而失误最少。

饮酒、疲劳等生理因素，不安、焦虑等心理因素，温度、噪声等物理因素，以及技能、经验等，都能使人的心理紧张度改变，表现为人失误数量的变化。操作不熟练、经验缺乏的人，其心理紧张度要比操作熟练、经验丰富的人高。

经常进行教育、训练，合理安排工作，消除心理紧张因素，有效控制心理紧张的外部原因，使人保持最优的心理紧张度，对消除人失误现象是十分重要的。

（6）不安全行为的心理原因

个体人经常、稳定表现的能力、性格、气质等心理特点的总和，称为个性心理特征。这是在人的先天条件基础上，受到社会条件和具体实践活动影响，接受教育与影响而逐渐形成、发展的。一切人的个性心理特征，不会完全相同。人的性格是个性心理的核心，因此，性格能决定人对某种情况的态度和行为。鲁莽、草率、懒惰等性格往往成为产生不安全行为的原因。

非理智行为在引发为事故的不安全行为中所占比例相当大，在生产中出现的违章、违纪现象，大都是非理智行为的表现，冒险蛮干则表现得尤为突出。非理智行为的产生，多由侥幸、省能、逆反等心理所支配。在安全管理过程中，控制非理智行为的任务是相当重的，也是非常严肃、细致的一项工作。

二、人失误致因分析

造成人失误的原因是多方面的，菲雷尔（R. Ferrell）认为，作为事故原因的人失误的发生，可以归结为下面三个原因：

1. 超过人的能力的过负荷。
2. 与外界刺激要求不一致的反应。
3. 由于不知道正确方法或故意采取不恰当的行为。

皮特森在菲雷尔观点的基础上进一步指出，事故原因包括人失误和管理缺陷两方面，而过负荷、人机学方面的问题和决策错误是造成人失误的原因（见图4—3）。

三、防止人失误的技术措施

从预防事故角度，可以从三个层次采取措施防止人失误：控制、减少可能引起人失误的各种原因因素，防止出现人失误；在一旦发生了人失误的场合，使人失误不至于引起事故，即使人失误无害化；在人失误引起事故的情况下，限制事故发展，减小

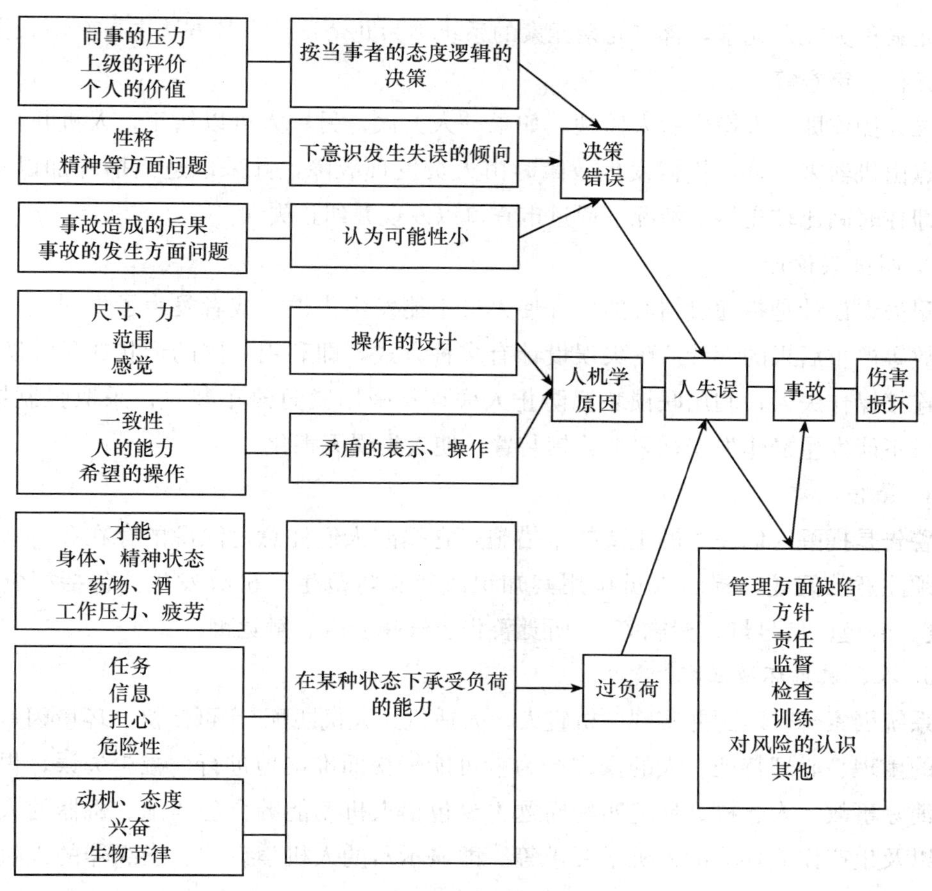

图 4—3　皮特森的人失误模型

事故损失。

具体技术措施包括以下几点：

1. 用机器代替人

由于机器在人规定的约束条件下运行，自由度较少，容易按人的意图去运转；与人相比，机器运转可靠性较高。通常机器故障率远小于人。机器故障率一般在 10^{-6}～10^{-4}之间，而人的故障率在 10^{-3}～10^{-2}之间，机器故障率远远小于人的故障率。因此，在人容易失误的地方用机器代替人操作，可以有效地防止人失误。用机器代替人既可以减轻人的劳动强度，又可以提高工作效率，避免或减少人失误。

实现机器与人合理的任务分配，分配人员从事要求智力、视力、听力、综合判断力、应变能力及反应能力较高的工作；分配机器承担功率大、速度快、重复性作业及持续作业的任务。

2. 冗余系统

冗余系统是把若干元素附加于系统基本元素上来提高系统可靠性的方法，附加上

去的元素称为冗余元素，含有冗余元素的系统称为冗余系统。其方法主要有两人操作、人机并行、审查等。

二人操作即一人操作一人监视，如果一人失误，另一人可以纠正；人机并行即人的缺点由机器来弥补，机器发生故障时由人员发现故障，并采取适当措施加以克服；审查即在时间比较充裕的情况下通过审查可以发现并纠正失误。

3. 耐失误设计

耐失误设计是指通过精心的设计使人员不能发生失误，或者发生了失误也不会带来事故等严重后果的设计。耐失误设计有多种方式，即利用不同的形状或尺寸防止安装、连接操作失误；利用联锁装置防止人失误；采用紧急停车装置；采取强制措施，使人员不能发生操作失误；采取连锁装置，使人失误无害化。

4. 警告

警告是提醒人们注意的主要技术措施，它提醒人们注意危险源的存在和一些操作中必须注意的问题，提示人员调用其知识或经验防范生产事故发生。包括视觉警告（亮度、颜色、信号灯、标志等）、听觉警告、气味警告、触觉警告。

5. 人、机、环境匹配

系统因素合理匹配并实现“机宜人、人适机、人机匹配”，可使机、环境因素更适应人的生理、心理特征，人的操作行为就可能轻松而准确地进行，减少失误，提高效率，消除事故。人、机、环境匹配问题主要包括人机动能的合理匹配、机器的人机学设计以及生产作业环境的人机学要求等。即显示器的人机学设计、操纵器的人机学设计、生产环境的人机学要求。

生产作业环境中，温度、湿度、照明、振动、噪声、粉尘、有毒有害物质等，不但会影响人在作业中的工作情绪，还可能导致人的职业性伤害。对作业环境条件的概括要求如下：

（1）照明必须满足作业的需要

强光线也叫眩光，会使人眼出现疲劳与目眩。昏暗或过暗光，不但易使人眼出现疲劳，还可能导致操作失误，甚至发生事故。

（2）噪声、振动的强度必须低于人生理、心理的承受能力

噪声、振动损伤人的听觉、影响人的神经系统和心脏功能，有损人的健康，降低工作效率，发生各类事故。

（3）有毒、有害物质的浓度必须降到允许标准以下

有毒、有害物质对人直接产生危害，长期在有毒、有害物质的环境中，能导致人慢性中毒或患上职业病。出现急性中毒时会迅速造成死亡。

四、防止人失误的管理措施

1. 强化安全生产教育和培训

（1）安全教育的内容

安全教育与技能训练是为了防止职工不安全行为，防止人失误的重要途径。安全教育、技能训练的重要性，首先，在于能提高企业领导和广大职工搞好事故预防工作的责任感和自觉性。其次，安全技术知识的普及和安全技能的提高，能使广大职工掌握工伤事故发生发展的客观规律，提高安全操作水平，掌握安全检测技术水平和控制技术，做好事故预防，保护自身和他人的安全健康。

安全教育的内容可概括为安全态度教育、安全知识教育和安全技能教育三个方面。

1）安全态度教育。安全态度教育是为了端正生产经营单位职工的工作态度和对安全生产的认识，以便自觉执行安全生产各项规章制度，正确地进行操作，实现安全生产。安全态度教育一般通过安全意识教育、安全生产方针政策教育和法纪教育来实现。

2）安全知识教育。安全知识教育包括安全管理知识教育和安全技术知识教育。对于带有潜藏的只凭人的感觉不能直接感知其危险性的危险因素的操作，安全知识教育尤其重要。

①安全管理知识教育。安全管理知识教育包括对安全管理组织结构、管理体制、基本安全管理方法及安全心理学、安全人机工程学、系统安全工程等方面的知识。

②安全技术知识教育。安全技术知识教育的内容主要包括一般生产技术知识、一般安全技术知识和专业安全技术知识教育。

一般生产技术知识教育主要包括：企业的基本生产概况，生产技术过程，作业方式或工艺流程，与生产过程和作业方法相适应的各种机器设备的性能和有关知识，工人在生产中积累的生产操作技能和经验及产品的构造、性能、质量和规格等。

一般安全技术知识是企业所有职工都必须具备的安全技术知识。主要包括：企业内危险设备所在的区域及其安全防护的基本知识和注意事项，有关电气设备（动力及照明）的基本安全知识，起重机械和厂内运输的有关安全知识，生产中使用的有毒有害原材料或可能散发的有毒有害物质的安全防护基本知识，企业中一般消防制度和规划，个人防护用品的正确使用以及伤亡事故报告方法等。

专业安全技术知识是指从事某一作业的职工必须具备的安全技术知识。专业安全技术知识比较专门和深入，其中包括安全技术知识、工业卫生技术知识，以及根据这些技术知识和经验制定的各种安全操作技术规程等。其内容涉及锅炉、压力容器、起重机械、电气、焊接、防爆、防尘、防毒和噪声控制等。

3）安全技能教育。仅有了安全技术知识，并不等于就能够安全地进行作业操作，还必须把安全技术知识变成进行安全操作的本领，才能取得预期的安全效果。有的新员工有安全操作的愿望，也学习了基本的安全技术知识，但在实际操作时却出了事故，就是因为缺乏安全技能。要实现从“知道”到“会做”的过程，就要借助于安全技能培训。

安全技能培训包括正常作业的安全技能培训和异常情况的处理技能培训。进行安全技能培训应预先制定作业标准或异常情况时的处理标准（作业程序、作业方法、作业姿势等），有计划、有步骤地进行培训。要掌握安全操作的技能，就是要多次重复同样的符合安全要求的动作，使职工形成条件反射。

在安全教育中，第一阶段应该进行安全知识教育，使操作者了解生产操作过程中潜在的危险因素及防范措施等，即解决“知”的问题；第二阶段为安全技能训练，提高熟练程度，即解决“会”的问题。第三阶段为安全态度教育，使操作者尽可能掌握安全技能。三个阶段相辅相成，缺一不可。只有将这三种教育有机地结合在一起，才能取得较好的安全教育效果。在思想上有了强烈的安全要求，又具备了必要的安全技术知识，掌握了熟练的安全操作技能，才能取得安全的结果，避免事故和伤害的发生。

（2）安全教育的形式和方法

安全教育应利用各种教育形式和教育手段，以生动活泼的方式，来完成安全生产这一严肃的课题。安全教育形式大体可分为以下 7 种。

1）广告式。包括安全广告、标语、宣传画、标志、展览、黑板报等形式，它以精练的语言，醒目的方式进行展示，提醒人们注意安全和怎样才能安全。

2）演讲式。包括教学、讲座的讲演，经验介绍，现身说法，演讲比赛等。这种教育形式可以是系统教学，也可以专题论证、讨论，用以丰富人们的安全知识，提高对安全生产的重视程度。

3）会议讨论式。包括事故现场分析会、班前班后会、专题研讨会等，以集体讨论的形式，使与会者在参与过程中进行自我教育。

4）竞赛式。包括口头、笔头知识竞赛，安全、消防技能竞赛，以及其他各种安全教育活动评比等。激发人们学安全、懂安全、会安全的积极性，促进职工在竞赛活动中树立安全第一的思想，丰富安全知识，掌握安全技能。

5）声像式。用声像等现代艺术手段，使安全教育寓教于乐。主要有安全宣传广播、电影、电视、录像等。

6）文艺演出式。以安全为题材编写和演出的相声、小品、话剧等文艺演出的教育形式。

7）学校正规教学。利用国家或企业办的大学、中专、技校，开办安全工程专业，或穿插渗透于其他专业的安全课程。

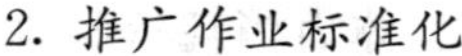

2. 推广作业标准化

（1）作业标准化的定义

人失误的原因调查表明，人失误与下列三种原因有相当密切的关系：①不知道正确的操作方法；②省略必不可少的操作步骤；③不遵循标准、规程，按自己的习惯操作。

为了解决以上问题，必须推广标准化作业，按科学的作业标准来规范人的行为。

作业标准化，就是对在作业系统调查分析的基础上，将现行作业方法的每一操作程序和每一动作进行分解，以科学技术、规章制度和实践经验为依据，以安全、质量效益为目标，对作业过程进行改善，从而形成一种优化作业程序，逐步达到安全、准确、高效、省力的作业效果。

（2）标准化作业的作用

标准化作业把复杂的管理和程序化的作业有机地融合一体，使管理有章法，工作有程序，动作有标准；推广标准化作业，可优化现行作业方法，改变不良作业习惯，使每个工人都按照安全、省力、统一的作业方法工作；标准化作业能将安全规章制度具体化；标准化作业所产生的效益不仅仅在安全方面，还有助于企业管理水平的提高，从而提高企业的经济效益。

（3）标准化作业的推广方式

作业标准化推行是指生产作业按照作业指导书规定标准化，标准逐渐习惯化。作业标准化推行非常关键，需要经过以下三个过程：

1）通过培训与确认，使员工掌握本岗位的作业指导书。培训过程使员工知道要做什么、什么时机做、怎样做、达到怎样的效果，通过文字考核与操作考核的方式对员工的掌握程度进行确认。

2）通过宣传活动，使员工接受和理解作业标准化活动。标准化作业推行不像发出红头文件，发放作业指导书那样简单。员工通常不愿接受工作习惯的改变，有些员工甚至不愿意将自己的操作经验共享。标准化推行时需要有耐心，营造良好的氛围非常重要。

3）通过工艺纪律检查，实现督促与改进。作业标准化推行不能依赖员工自律，管理人员要到作业现场做工艺纪律检查。鼓励先进、鞭策落后，让做得好的员工感觉到成就，做得不好的员工感觉到压力，逐渐完成作业标准化推行。

3. 人员选择和职业适合性

职业适合性是指人员从事某种职业应具备的基本条件，它着重于职业对人员的能力要求。主要包括以下几点：

（1）职业适合分析

职业适合分析即分析确定职业的特性，如工作条件、工作空间、物理环境、使用

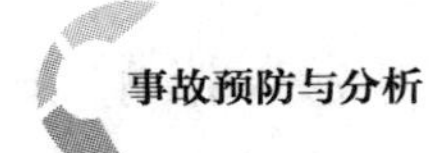

工具、操作特点、训练时间、判断难度、安全状况、作业姿势、体力消耗等特性。人员职业适合分析在职业特性分析的基础上确定从事该职业人员应该具备的条件，人员应具备的基本条件包括所负责任、知识水平、技术水平、创造性、灵活性、体力消耗、训练和经验等。

（2）职业适合性测试

职业适合性测试即在确定了适合职业之后，测试有关人员的能力是否符合该种职业的要求。

（3）职业适合性人员的选择

选择能力过高或过低的人员都不利于事故的预防。一个人的能力低于操作要求，可能由于其没有能力正确处理操作中出现的各种信息而不能胜任工作，可能发生人失误；反之，当一个人的能力高于操作要求的水平时，不仅浪费人力资源，而且工作中会由于心理紧张度过低，产生厌倦情绪而发生人失误。

4. 安全检查

安全检查是安全生产管理工作中的一项重要内容，是保持安全环境、矫正不安全操作、防止事故的一种重要手段。它是多年来从生产实践中创造出来的一种好形式，是安全生产工作中运用群众路线的方法，是发现不安全状态和不安全行为的有效途径，是消除事故隐患、落实整改措施、防止伤亡事故、改善劳动条件的重要手段。

（1）安全检查的内容

安全检查主要包括以下 4 个方面的内容：

1）查思想。即检查各级生产管理人员对安全生产的认识，对安全生产的方针政策、法规和各项规定的理解与贯彻情况，全体职工是否牢固树立了“安全第一、预防为主”的思想。各有关部门及人员能否做到当生产、效益与安全发生矛盾时把安全放在第一位。

2）查管理。安全检查也是对企业安全管理的大检查。主要检查安全管理的各项具体工作的实行情况，如安全生产责任制和其他安全管理规章制度是否健全，能否严格执行。安全教育、安全技术措施、伤亡事故管理等的实施情况及安全组织管理体系是否完善等。

3）查隐患。安全检查的工作内容以查现场、查隐患为主。即深入生产作业现场，查劳动条件、生产设备、安全卫生设施是否符合要求，职工在生产中的不安全行为的情况等。如安全出口是否通畅；机器防护装置情况；电气安全设施，如安全接地、避雷设备、防爆性能等；车间或坑内通风照明情况；防止硅尘危害的综合措施情况；锅炉、受压容器和气瓶的安全运转情况；变电所是否有不安全因素；易燃易爆物质、剧毒物质的储存、运输和使用情况；个体防护用品的使用及标准是否符合有关安全卫生的规定等。

4）查整改。对被检单位上一次查出的问题，按其当时登记的项目、整改措施和期限进行复查。检查是否进行了及时整改和整改效果。如果没有整改或整改不力的，要重新提出要求，限期整改。对重大事故隐患，应根据不同情况进行查封或拆除。

此外，还应检查企业对工伤事故是否及时报告、认真调查、严肃处理；在检查中，如发现未按“三不放过”的要求草率处理事故，要重新严肃处理，从中找出原因，采取有效措施，防止类似事故重复发出。

（2）安全检查的方式

安全检查的方式按检查的性质，可分为一般性检查、专业性检查、季节性检查和节假日前后的检查等。

1）一般性检查。一般性检查又称为普遍检查，是一种经常性、普遍性的检查，目的是对安全管理、安全技术、工业卫生的情况作一般性了解。这种检查，企业主管部门一般每年进行1～2次。

各企业一般每年进行2～4次，基层单位每月或每周进行一次，此外，还有专职安全人员进行的日常性检查。在一般性检查中，检查项目因不同企业而异，但以下三个方面均需列入：各类设备有无潜在的事故危险；对上述危险或缺陷采取了什么具体措施；对出现的紧急情况有无可靠的立即消除措施。

2）专业性检查。专业性检查是指针对特殊作业、特殊设备、特殊场所进行的检查。如电、气焊设备，起重设备，运输车辆，锅炉，压力容器，尘、毒、易燃、易爆场所等。这类设备和场所由于事故危险性大，如事故发生，造成的后果极为严重。所以专业性检查除了由企业有关部门进行外，上级有关部门也指定专业安全技术人员进行定期检查，国家对这类检查也有专门的规定。不经有关部门检查许可，设备不得使用。专业性检查一般以定期检查为主。

专业性检查有以下突出特点：①专业性强，集中检查某一专业方面的装置、系统及与之有关的问题，因而目标集中，检查可以进行得深入细致；②技术性强，检查内容以生产、安全的技术规程和标准为依据；③以现场实际检查为主，检查方式灵活，牵扯人力最少；④不影响工作程序。

3）季节性检查。季节性检查是根据季节特点，为保障安全生产的特殊要求所进行的检查。自然环境的季节性变化，对某些建筑、设备、材料或生产过程及运输、储存等环节会产生某些影响。某些季节性外部事件，如大风、雷电、洪水等，还会造成企业重大的事故和损失。因而，为了防患于未然，消除因季节变化而产生的事故隐患，必须进行季节性检查。如春季风大，应着重防火、防爆；夏季高温、多雨、多雷电，应抓好防暑、降温、防汛、检查雷电保护设备；冬季着重防寒、防冻、防滑等。

4）节假日前后的检查。由于节假日前职工容易因考虑过节等因素而造成精力分散，因而应进行安全生产、防火保卫、文明生产等综合检查；节假日后则要进行遵章

守纪和安全生产的检查，以避免因放假后职工精力涣散而引起纪律松懈等问题。

5. 安全审查

安全检查主要是为了改善企业现实安全生产状况，消除或控制现有设备、设施存在的危险因素和事故隐患。而要从源头上消除可能造成伤亡事故和职业病的危险因素，保护职工的安全健康，保障新工程的正常投产使用，防止事故损失，避免因安全问题引起返工或因采取弥补措施造成不必要的投资扩大，对新建、扩建工程进行预先安全审查是一种极其重要的手段。

经多年的实践与总结，我国在安全审查工作中形成了一套较为完整且颇具特色的制度，即“三同时”审查验收制度。“三同时”审查验收制度，是指1988年原劳动部颁布的《关于生产性建设工程项目职业安全卫生监察的暂行规定》中所做的明确的规定。即一切生产性的基本建设工程项目、技术改造和引进的工程项目（包括港口、车站、仓库）都必须符合国家职业安全与卫生方面的有关法规、标准的规定。建设项目中职业安全与卫生技术措施和设施，应与主体工程同时设计、同时施工、同时投产使用。习惯上称之为“三同时”。

“三同时”安全审查验收包括可行性研究审查、初步设计审查和竣工验收审查。

（1）可行性研究审查

建设项目从计划建设到建成投产，一般要经过四个阶段和五道审批手续，四个阶段为确定项目、设计、施工和竣工验收；五道审批手续为项目建议书、可行性研究报告、设计任务、初步设计和开工报告审批。而可行性研究审查则是对可行性研究报告中的劳动安全卫生部分的内容，运用科学的评价方法，依据国家法律、法规及行业标准，分析、预测该建设项目存在的危险、有害因素的种类和危险危害程度，提出科学、合理及可行的劳动安全卫生技术措施和管理对策，作为该建设项目初步设计中劳动安全卫生设计和建设项目劳动安全卫生管理的主要依据，供国家安全生产管理部门进行监察时参考。

审查的内容主要包括生产过程中可能产生的主要职业危害，预计的危害程度，造成危害的因素及其所在部位或区域，可能接触职业危害的职工人数，使用和生产的主要有毒有害物质、易燃易爆物质的名称、数量，职业危害治理的方案及其可行性论证，职业安全卫生措施专项投资估算，实现治理措施的预期效果，技术投资方面存在的问题和解决方案等。

（2）初步设计审查

初步设计审查是在可行性研究报告的基础上，按照原劳动部《关于生产性建设工程项目职业安全卫生监察的暂行规定》中《职业安全卫生专篇》的内容和要求，根据有关标准、规范对《职业安全卫生专篇》进行全面深入的分析，提出建设项目中职业安全卫生方面的结论性意见。初步设计审查的基调应是实施性的。

(3) 竣工验收审查

竣工验收审查是按照《职业安全卫生专篇》规定的内容和要求对职业安全卫生工程质量及其方案的实施进行全面系统的分析和审查，并对建设项目作出职业安全卫生措施的效果评价。竣工验收审查是强制性的。

建设单位在生产设备调试阶段，应同时对职业安全卫生设备、措施进行调试和考核，对其效果作出评价。在人员培训时，要有职业安全卫生的内容，并建立健全职业安全卫生方面的规章制度。在生产设备调试阶段中，对建设项目的职业安全卫生设施进行预验收，并确定尘、毒等化学因素和物理因素的测定点。对体力劳动强度较大，生产尘、毒危害严重的作业岗位，要按国家有关标准委托职业安全卫生监测机构进行体力劳动强度、粉尘和毒物危害程度分级的测定工作，测定结果作为评价职业安全卫生设施的工程技术效果和竣工验收的依据。对于查出的隐患，由建设单位订出计划，限期整改。

6. 安全评价

安全评价是系统安全工程的重要组成部分。它采用系统科学的方法辨识系统存在的危险因素，并根据其事故风险的大小采取相应的安全措施，以达到实现系统安全的目的。

安全评价方法可用于对企业安全管理现状进行评价，是安全管理的重要措施之一。对安全管理工作进行评价，可以弄清现状，及实施改进措施后达到的水平，找出存在的问题，从而为今后进一步改进安全管理工作提供依据。

第四节 事故预防技术

一、预防事故的安全技术

通过设计消除和控制各种危险，防止所设计的系统在研制、生产、使用和保障过程中发生导致人员伤亡和设备损坏的各种意外事故，是事故预防的有效手段。为了全面提高现代复杂系统的安全性能，在系统安全分析的基础上，即在运用各种危险分析技术来识别和分析各种危险，确定各种潜在危险对系统影响的同时，系统设计人员必须在设计中采取各种有效措施来保证所设计的系统具有满足要求的安全性能。因此，为满足规定的安全要求，可以采用不同的安全设计方法。

1. 控制能量

对于任何事故，其后果的严重程度与事故中所涉及能量的大小紧密相关，因为事故中涉及的能量绝大多数情况下就是系统所具有的能量，因而用控制能量的方法，可以从根本上保证系统的安全性。如系统的电源部分，可以用 36 V 安全电压或电池的，尽量不用 220 V 交流电；可以用 220 V 交流电的，不用高压电，即可大大减少电气事故发生的可能性。

事故造成人员伤亡和设备损坏的严重程度也随失控能量的大小而变化。例如，两辆汽车相撞损坏的严重程度与汽车所具有的动能成正比，降低汽车的速度就可以降低事故的损失程度。

当然，能量类型也是很重要的一个因素。例如，假设某种性能稳定的炸药爆炸时所释放的能量与汽油燃烧时释放的能量相同，但所产生的危险却会各不相同。汽油易燃，炸药则一般需要雷管或其他类型的炸药引爆。因此，前者比后者更危险。然而，炸药爆炸时能量的释放速度远比汽油高得多，爆炸的冲击波和热量都是毁灭性的，从这一点上看，炸药的爆炸产生的危害比汽油燃烧的危害更大。

2. 危险最小化设计

通过设计消除危险或使危险最小化，是避免事故发生、确保系统的安全水平最有效的方法。本质安全技术则是其中最理想的方法。“本质安全”（Intrinsic Safety）一词来源于电气设备的防爆构造设计，即不附加任何安全装置，只利用本身构造的设计，限制电路自身的电压和电流来防止电弧或火花引起火灾或引燃爆炸性气体。该电气设备在正常工作时，即使发生短路、断线等异常情况，仍能保持其防爆性能。本质安全技术是指不是从外部采取附加的安全装置和设备，而是依靠自身的安全设计，进行本质方面的改善，即使发生故障或误操作，设备和系统仍能保证安全。

当然，在设计中，使系统达到本质安全是很难的，但可以通过设计使系统发生事故的风险尽可能最小化，或降低到可接受的水平。为达到这一目标，设计系统时应从以下两个方面采取措施。

（1）通过设计消除危险

可以通过选择恰当的设计方案、工艺过程和合适的原材料来消除危险因素。如消除粗糙的棱边、锐角、尖端和出现缺口、破裂表面的可能性，即可大大防止皮肤割破、擦伤和刺伤类事故；在填料、液压油、溶剂和电绝缘等类产品中使用不易燃的材料，即可防止发生火灾；用气压或液压系统代替电气系统，就可以防止电气事故；用液压系统代替气压系统，即可避免压力容器或管路的破裂而产生的冲击波；用整体管路取代有多个接头的管路，可消除因接头处泄漏造成的事故；消除运输工具中的突出部位，如车辆上的把手和装饰品，就可防止突然刹车时对车内人员造成伤害；选择应用可燃材料或物体时，应选择燃烧时不产生有毒气体的材料等。

（2）降低危险严重性

在不可能完全消除危险的情况下，可以通过设计降低危险的严重性，使危险不至

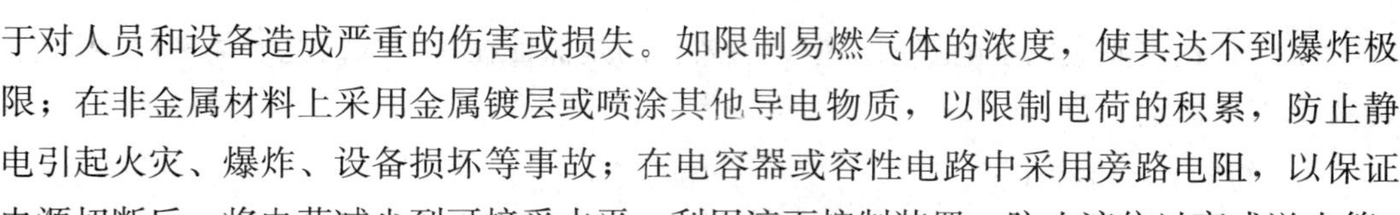

于对人员和设备造成严重的伤害或损失。如限制易燃气体的浓度，使其达不到爆炸极限；在非金属材料上采用金属镀层或喷涂其他导电物质，以限制电荷的积累，防止静电引起火灾、爆炸、设备损坏等事故；在电容器或容性电路中采用旁路电阻，以保证电源切断后，将电荷减少到可接受水平；利用液面控制装置，防止液位过高或溢出等。

3. 隔离

隔离是采用物理分离、护板和栅栏等将已识别的危险同人员和设备隔开，以防止危险或将危险降低到最低水平，并控制危险的影响。隔离是最常用的一种安全技术措施。

预防事故发生的隔离措施包括分离和屏蔽两种。前者指空间上的分离，后者指应用物理的屏蔽措施进行隔离，它比空间上的分离更加可靠，因而最为常见。利用隔离措施，也可以将不相容的物质分开，以防止事故。如氧化物和还原物分开放置就可避免氧化还原反应的发生及引发事故。

隔离可用于控制能量释放所造成的影响，如在坚固的容器中进行爆炸试验，防止对人或其他物体的影响。

隔离可用于防止放射源等有害物质等对人体的危害。如 X 光室医生的含铅防护服装即可防止 X 射线对医生的伤害。

护板和外壳也常用于隔离危险的工业设备，如各种旋转部件、热表面和电气设备等。

此外，时间上的隔离也是一种隔离手段。如限定有害工种的工作时间就可防止受到超量的危害，保障人的安全。

4. 闭锁、锁定和联锁

闭锁（lockouts）、锁定（lockins）和联锁（interlock）是另一类最常用的安全技术措施。它们的安全功能是防止不相容事件发生或事件在错误的时间发生或以错误的次序发生。

（1）闭锁

闭锁是指防止某事件发生或防止人、物等进入危险区域。如油罐车上的闭锁装置，可防止在车体未接地的情况下向车内加注易燃液体；将开关锁在开路位置，防止电路接通等都是闭锁的手段。

（2）锁定

锁定是指保持某事件或状态，或避免人、物脱离安全区域。例如，在螺栓上的保险销就可防止因振动造成的螺母松动；飞机弹射座椅上的保险销可避免地面人员误启动引发弹射座椅上的雷管和火箭；停车后在车轮前后放置石块等物体，可防止车辆意外移动而引发事故等。

（3）联锁

联锁装置主要应用于电气系统中，主要目的是保证在特定的情况下某事件不发生。在这里不做详细介绍。

5. 故障—安全设计

在系统、设备的一部分发生故障或失效的情况下，在一定时间内也能保证安全的安全技术措施称为故障—安全设计（Fail—Safe Design）。故障—安全设计确保故障不会影响系统的安全，或使系统处于不会伤害人员或损坏设备的工作状态。一般情况下，故障—安全设计能在故障发生后，使系统、设备处于低能量状态，防止能量意外释放。

按系统、设备在其中一部分发生故障后所处的状态，故障—安全设计分为以下三种类型。

（1）故障—安全消极设计（Fail—Safe Passive Design）

当系统发生故障时，这种设计使系统停止工作，并将能量降低到最低值，直至采取矫正措施。如电气系统中的熔断器在电路过负荷时熔断，把电路断开以保证安全。

（2）故障—安全积极设计（Fail—Safe Active Design）

故障发生后，保持系统以一种安全的形式带有正常能量，直至采取矫正措施。如在交通信号指示系统的大部分故障模式中，一旦发生信号系统故障，信号将转为红灯，以避免事故发生。

（3）故障—安全工作设计（Fail—Safe Operational Design）

这种设计保证在采取矫正措施前，设备、系统正常地发挥其功能。这是理想的工作方式。

6. 故障最小化

故障—安全设计在有些情况下并非总是最佳选择，如它可能会过于频繁地中断系统的运行，这对系统运行是相对不利的，特别是对于需要连续运行的系统更是如此。如化工厂中的化学反应过程、高炉冶炼过程，如果中断系统运行，后果相当严重。因此，在故障—安全不可行的情况下，可采用故障最小化方法。故障最小化方法主要有降低故障率和实施安全监控两种形式。

降低故障率是可靠性工程中用于延长元件或整个系统的期望寿命或故障间隔时间的一种技术。降低了可能导致事故的故障发生率，就会减少事故发生的可能性，起到预防和控制事故的作用，即以提高可靠性的方法提高系统的安全性。降低故障率通常有安全系数、概率设计、降额（Derating）、冗余（Redundancy）、筛选（Screening）、定期更换六种方案。

7. 警告

警告通常用于向有关人员通告危险、设备问题和其他值得注意的状态，以便使有关人员采取纠正措施，避免事故发生。警告可按人的感觉方式分为视觉警告、听觉警告、嗅觉警告、触觉警告、味觉警告等。

(1) 视觉警告

眼睛是人们感知外界的主要器官，视觉警告是应用最广泛的警告方式。视觉警告主要有亮度、颜色、信号灯、小旗和飘带、标志、书面告警等方法。

1）亮度。是指使存在危险之处亮起来，使人能集中注意力避开危险区域。如对有障碍物处的照明可以减少人或车辆误入此区域的可能性，自行车尾灯通过反射灯光显示其存在及位置等。

2）颜色。通过明亮、鲜明的颜色，或明暗交替的颜色，引起人们的注意，发出告警信息。如环卫工人身穿橘红色的背心，使机动车辆易于发现与识别；有毒、有害、可燃、腐蚀性的气体、液体管路涂上特殊的颜色等。国家标准《安全色》（GB 2893—2008）规定了安全色、对比色的意义及其使用方法。

红色：各种禁止标志，交通禁令标志，消防设备标志，机械的停止按钮、刹车及停车装置的操纵手柄，机械设备转动部件的裸露部位，仪表刻度盘上极限位置的刻度，各种危险信号旗等。

黄色：各种警告标志，道路交通标志和标线中警告标志，警告信号旗等。

蓝色：各种指令标志，道路交通标志和标线中指示标志等。

绿色：各种提示标志，机器启动按钮，安全信号旗，急救站、疏散通道、避险处、应急避难场所等。

对比色则是使安全色更加醒目的反衬色。有黑、白两种颜色。黑色为黄色安全色的对比色，白色则为红、绿、蓝安全色的对比色。黑、白两色也可互为对比色。

黑色用于安全标志的文字、图形符号、警告标志的几何图形和公共信息标志。白色则作为安全标志中红、绿、蓝三色的背景色，也可用于安全标志的文字和图形符号及安全通道、交通上的标线及铁路站台上的安全线等。

红色与白色相间条纹：应用于交通运输等方面所使用的防护栏杆及隔离墩；液化石油气汽车槽车的条纹；固定禁止标志的标志杆上的色带等。

黄色与黑色相间条纹：应用于各种机械在工作或移动时容易碰撞的部位，如移动式起重机的外伸腿、起重臂端部、起重吊钩和配重；剪板机的压紧装置；冲床的滑块等有暂时或永久性危险的场所或设备；固定警告标志的标志杆上的色带等。

蓝色与白色相间条纹：应用于道路交通的指示性导向标志，固定指令标志的标志杆上的色带等。

绿色与白色相间条纹：应用于固定提示标志杆上的色带。

3）信号灯。着色的信号灯是一种指示危险存在的常用方法。一般情况下，信号灯所用的颜色及所指的意义是：

红色表示存在危险、紧急情况、故障、错误和中断等。

黄色表示接近危险、临界状态、注意和缓行等。

绿色表示良好状态、继续进行、准备好的状态、功能正常和在规定的参数限度内。

白色表示系统可用或系统在运行中。

闪动的灯光可用于引起人们的注意或指示紧急事件，效果比固定灯光更好。

4）小旗和飘带。飘带用于提醒、注意，如汽车超宽时在两边均系有飘带，提醒对面司机的注意；小旗则用于表示危险状态，如在开关上挂上小旗，表示正在修理或因其他原因不能合开关，爆破作业时挂上红旗表示防止人员进入等。

5）标记。在设备上或有危险的地方可以贴上标记以示警告。如指出高压危险，功率限制，负荷、速度或温度限制等，提醒人们危险因素的存在或需要穿戴防护用品等。

6）标志。利用事先规定了含义的符号表示警告危险因素的存在或应采取的措施。如指出具有放射性危险的设备及处理方法，电子设备的高压电源，道路急转弯处的标志等。国家标准《安全标志及其使用导则》（GB 2894—2008）规定，安全标志由安全色、几何图形和图形符号构成，分为禁止标志、警告标志、指令标志及提示标志。

①禁止标志。是指禁止人们不安全行为的一种图形标志。其基本形式为带斜杠的圆边框，图形背景为白色，圆环和斜杠为红色，图形符号为黑色，如“禁止吸烟”等。

②警告标志。是指提醒人们对周围环境引起注意，以避免可能发生危险的一种图形标志。

其基本形式为正三角形边框，图形背景为黄色，三角形的边框及图形符号均为黑色，如“当心爆炸”等。

③指令标志。是指强制人们必须做出某种动作或采用防范措施的一种图形标志。其基本形式是圆形边框，图形背景为蓝色，图形符号为白色，如“必须戴安全帽”等。

④提示标志。是指向人们提供某种信息的一种图形标志。其基本形式是正方形边框，图形背景为绿色，图形符号及文字为白色，如安全通道为一般提示标志，地下消火栓等为消防设备提示标志。

7）书面警告。在操作、维修规程，指令、手册、说明书及检查表中写进警告及注意事项，警告人们存在危险因素，特别需要注意的事项及应采取的行动，必须使用的防护设备、服装或工具等；而且任何需要引起操作、使用者关注的危险都必须予以提及。

（2）听觉警告

在某些情况下，仅依靠视觉警告不足以引起人们的注意，如工作过于繁忙，不断地走动的工作等。而且尽管一个明亮的视觉信号能在很远看到，但在规定范围内，听觉信号效果会更好。听觉信号可以用来提醒人们注意视觉信号，并通过视觉信号掌握更详尽的信息。此外，还可以通过编码的方式表示事先规定好的不同的警告内容。

一般在下列情况下，应用听觉信号较为合适。

1）所传递的信息简短、简单、需要及时做出反应时。

2）视觉警告方式受到限制时，如光线的变化，操作者目视范围受限或对操作人员还有其他目视要求等。

3）信号十分重要，需要多种警告信号相结合时，如消防报警装置等。

4）需要提醒有关人员注意进一步的信息时。

5）习惯于采用听觉信号的场合。

6）进行必要的声音通讯时。

常见的听觉警告装置有喇叭、电铃、蜂鸣器或闹钟等。

（3）嗅觉警告

通常只有当气体分子影响鼻腔中约为645 mm^2的微小敏感区域时，人就能闻到气味。由于有些气体是无味的，有些气体的气味过强，且不同的人对气体的敏感能力有较大差别，如一般吸烟者均比不吸烟者的敏感能力差，因而嗅觉警告装置的应用受到了很大限制。但嗅觉警告仍有一定的应用价值，如在易燃易爆且无色无味的气体中加入某些气味剂，例如，在天然气中加入少量气味很强的硫醇，就可以使人迅速感觉到天然气的泄漏并及时采取措施，避免火灾爆炸事故的发生。

设备过热通常也会产生特定的气味。如轴承过热，则气化温度较低的润滑剂挥发就可使操作人员闻到气味；对燃烧后所产生的气体气味的探测可发现火灾的部位等。

（4）触觉警告

振动是触觉警告的主要方式。设备过度振动表明设备运行不正常。例如，转轴、轴承等磨损较为严重时，都会产生剧烈振动；高速公路路面上凸起的分道线会通过振动的方式提醒驾驶者注意道路、方向等方面的变化。

温度是触觉警告的另一种方式。维修人员通过触摸可确定设备是否工作正常，温度升高意味着故障或超负荷等情况。

（5）味觉警告

味觉警告通常是用以确定或指示放入口中的食物、饮料或其他物质是否有危险存在。如某些药物，为防止婴幼儿误食、过量，在其中添加有苦味的添加剂就是典型的一例。在工业生产中极少用到味觉警告方式。

值得指出的是，并非采取了预防事故的安全技术，就完成了事故控制的工作。在实际工作中，为保证取得最佳的安全效果，必须先选择预防事故效果较好的安全技术措施。但是，在实际工作中，针对生产工艺或设备的具体情况，还要考虑生产效率、成本及可行性等问题，应该综合考虑，不能一概而论。例如，为防止手电钻机壳带电造成触电事故，对手电钻可以采取许多种技术措施（见表4—1），但各有优缺点，设计人员和安全管理人员应根据实际情况采取具体措施。

表 4—1　　防止使用手电钻触电事故的技术措施

类型	措施内容	优点	缺点
手摇钻	不用电，根除了触电的可能性	成本低	效率低，费力气
电池式电钻	使用低电压，可以避免触电	灵活方便，便于携带	功率有限，被加工物受限制。要更换电池或充电
三芯线电钻	带接地线，故障保护	在两芯电钻外壳接上地线即可，不必重新设计	必须保证接地良好，否则仍会触电
两芯线电钻	增加可靠性，减少事故发生	不必重新设计	提高可靠性，增加成本，可减少但不能避免事故，维护不当可能漏电
塑料壳两芯线电钻	采用塑料外壳，可以避免触电	塑料壳比金属壳便宜	塑料壳不如金属壳结实
压缩空气钻	利用压缩空气作动力，根除触电可能性	功率和可靠性都高于电钻	需要供应压缩空气，较贵，不方便，压缩空气系统有危险

例题：简述防止涂装作业过程中发生火灾、爆炸或中毒事故的主要安全技术措施。

参考答案：

(1) 喷涂间应设置配套通风净化系统。

(2) 喷涂间室体及与其相连接的送风、排风管道应采用不燃材料制备，地面应采用不产生火花的材料制备，或铺盖不产生火花的材料。

(3) 喷涂间应按相应的防爆等级选用防爆型电气设备、设施、仪器、仪表。

(4) 喷涂间内所有金属制件，如排风管道、送风管道和输送可燃液体的管道，必须具有可靠的电气接地。

(5) 对处理油漆、稀料等的设备和管道均设有静电接地，通风系统应有导除静电的接地装置。

(6) 在有可能泄漏可燃气体的地方设置可燃气体检测报警装置，以便及时报警。

(7) 与喷涂设备配套的风机、泵、电动机、过滤器等部件易发生故障处，宜配套有响声的或声光组合的报警装置，并与喷涂操作动力源联锁。

(8) 喷涂间设禁火标志，并配备足够的消防灭火器材。

(9) 喷涂操作中使用的物料不得与皮肤接触，宜采用防护服、防护眼镜或长管面具与人体隔离（作业人员应该正确佩戴个体防护用品）。

(10) 喷涂间应每年至少进行一次通风系统效能技术测定和电气安全技术测定，并将测定结果记入档案。

(11) 喷涂作业人员必须接受喷涂作业专业及安全技术培训后方可上岗。无关人员不得进入喷涂间，进入人员要严格进行防火防爆教育。

二、控制和降低事故损失的安全技术

有危险存在，尽管可能性很小，但总存在导致事故的可能性，而且没有任何办法精确地确定事故发生的时间。另外，事故发生后如果没有相应的措施迅速控制局面，则事故的规模和损失可能会进一步扩大，甚至引起二次事故，造成更严重的后果。因此，减少事故损失的安全技术的目的，是在事故由于种种原因没能控制而发生之后，减少事故严重后果。选取的优先次序为：

1. 隔离

隔离除了作为一种广泛应用的事故预防的方法之外，还经常用于减少因事故中能量剧烈释放而造成的损失。隔离技术在避免或减少事故损失方面的应用有距离隔离、偏向装置、封闭等。

（1）距离隔离

距离隔离是一种常用的对爆炸性物质的物理隔离方法。即把可能发生事故、释放出大量能量或危险物质的工艺、设备或设施布置在远离人群或被保护物的地方。例如，把爆破材料的加工制造和储存等安排在远离居民区和建筑物的地方，爆破材料之间保持一定距离等。

（2）偏向装置

隔离也可以通过偏向装置来实现。其主要目的是把大部分剧烈释放的能量导引到损失最小的方向。如在爆炸物质与人和关键设备之间设置坚实的屏障并用轻质材料构筑厂房顶部。当爆炸发生时，防护墙承受一部分能量，而其余能量则偏转向上，使损失减小。

（3）封闭

利用封闭措施可以控制事故造成的危险局面，限制事故的影响。

2. 能量缓冲装置

通过能量缓冲装置在事故发生后吸收部分能量，也可以保护有关人员和设备的安全。例如，工人戴的安全帽、汽车中的安全带都可以吸收冲击能量，防止或减轻伤害。

3. 薄弱环节

利用事先设计好的薄弱环节使能量或危险物质按照人们的意图释放，防止能量或危险物质作用于被保护的人或物。一般情况下，即使设备的薄弱环节被破坏，也可以较小的代价避免大的损失。因此，这项技术又称为“接受小的损失”。

常用的薄弱环节有电薄弱环节，如电路中的保险丝在电路产生过载电流时熔断，从而使电路切断，达到保护其他用电设备的目的；热薄弱环节，如压力锅上的易熔塞由易熔材料构成，当压力超过限值时，易熔塞熔化，蒸气从其中排出，达到减小压力、

避免超压爆炸的目的；机械薄弱环节，如压力灭火器的安全隔膜，当灭火器由于过热而使压力过大，则隔膜会因超压而破裂，使灭火器的内部压力保持在规定限度内；结构薄弱环节，如主动联轴节中的剪切销，当持续过载会损坏传动设备或从动设备时，剪切销会先切断，保证设备安全。

4. 个体防护

在对所发生的事故没有较好的技术控制措施或采用的措施仍不能完全保证人的生命安全的情况下，个体防护不失为一种好的解决方案。它向使用者提供了有限的可控环境，将人与危险分隔开。个体防护是保护人体免遭伤害的最后屏障。

个体防护装备范围很广，包括从简单的防噪声耳塞到带有生命保障设备的宇航服，但其应用方式主要有以下 3 种情况：

(1) 必须进行的危险性作业

由于危险因素不能根除，又必须进行相关作业，采用个体防护的方法可以起到防止特定的危险对人员伤害的作用。这时采用的个体防护装备的针对性非常强，如焊接作业的护目墨镜，在存在有毒有害气体的环境中工作时戴的防毒面具等。但必须指出的是，在条件可行的情况下，不应以个体防护代替根除或控制危险因素的设计或安全规程。例如，在采取通风措施，排除有毒、有害气体或降低其浓度于危险水平以下的条件下，操作人员就没有了使用防毒面具的必要。

(2) 进入危险区域

为调查研究或因其他原因进入极有可能存在危险的区域或环境时，也应佩戴相应的个体防护装备。如在火灾后进入现场调查或搜寻，应佩戴防毒装置等，但有时该区域的危险不十分明确，因此为达到防护的目的，此类个体防护设备需要考虑对多种潜在危险的防护问题。

(3) 紧急状态下

对紧急状态使用的个体防护器具，因为事故或事件发生非常突然，因而开始的几分钟就成为是控制危险还是造成灾难，是保证安全还是受到伤害的关键。这时的个体防护装备也起着至关重要的作用。

5. 逃逸、避难与营救

当事故发生到不可控制的程度时，则应采取措施逃离事故影响区域，采取避难等自我保护措施和为救援创造一个可行的条件。这时，人们往往要依赖于逃逸、避难或营救措施以获得继续生存的条件。

逃逸和避难是指人们使用本身携带的资源自身救护所做的努力；营救是指其他人员救护在紧急情况下有危险的人员所做的努力。

逃逸、避难和营救设备对于保障人的生命安全是非常重要的。当采用安全装置、建立安全规程等方法都不能完全消除某种危险，使系统存在发生重大事故的可能性时，应考虑应用逃逸、避难、营救等设备。

逃逸设备用于使有关人员逃离危险区，如大型公共设施中的各类安全疏散设施，飞机驾驶员的弹射座椅等；避难设施则是通过隔离等手段保证有关人员在危险区域的安全，如矿井中的避难硐室等；消防人员使用的云梯车既是一种控制火灾事故的设备，也是一种典型的营救设备。

选取减少事故损失安全技术的优先次序为：①隔离和屏蔽；②接受小的损失；③个体防护；④避难和救生设备；⑤营救。

三、以安全文化为基础的事故预防

1988 年，国际核安全咨询小组（International Nuclearsafety Advisory Group）提出了以安全文化为基础的事故预防原则。该事故预防模型突出了人员的安全教育在事故预防中的重要性，反映了现代事故预防的新观念。以安全文化为基础的事故预防如图 4—4 所示。

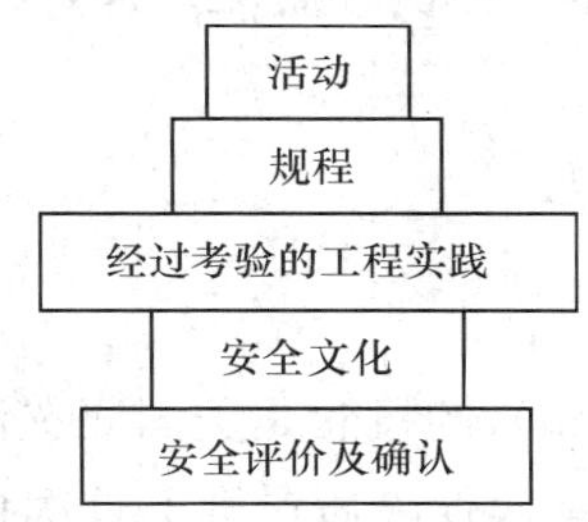

图 4—4　以安全文化为基础的事故预防

1. 安全评价和确认（safety assessment and verification）

在工厂建设和运行之前必须进行安全评价，要有安全评价的书面报告并单独审查；根据新的安全资料不断更新安全评价报告。安全评价的目的在于通过系统的审查结构、系统或元素，发现设计中的缺陷。

2. 安全文化（safety culture）

根据安全咨询小组的定义，安全文化是指从事涉及工厂安全活动的所有人员的奉献精神和责任心。首先是管理人员必须重视安全工作，指定和贯彻事实安全方针，这不仅取决于正确的实践，而且取决于他们营造的安全意识氛围；明确责任和建立联络；制定合理的规程并要求严格遵守这些规程；进行内部安全检查；特别是按照安全操作要求和人员的素质情况训练和教育职工。

这些问题对基层生产单位和直接从事操作的人员尤其重要。重点放在教育人员掌握他们使用的装置和设备的基本知识，了解安全限制和违反的结果。这些人员的态度应该直率，以保证关于安全的信息可以自由沟通，特别是当出现失误时鼓励他们承认。通过这些措施可以使安全意识渗透到所有的人员。使人员保持清醒的头脑，防止自满，

力争最好，以及提高人员的责任感和自我安全意识。

英文单词 culture 译成汉语，有文化、教养、修养之意。按照这里的定义，安全文化是指人员的安全教养、安全素质，对人员的安全教育。

3. 经过考验的工程实践（proven engineering practices）

运用已经经过试验或工程实践验证的技术，由经过选拔和训练的合格的人员设计、制造、安装装置、设备，使之符合有关各种规范、标准。

4. 规程（procedures）

制定并执行各种操作程序、作业标准和技术规范、标准。

5. 活动（action）

有组织地开展各种以安全为目的的活动，促进规程的自觉执行，安全技术的有效落实以及安全文化氛围的营造。

第五节　保险与事故控制

一、风险管理

风险管理（Risk Management）的概念是美国宾夕法尼亚大学所罗门·许布纳博士于 1930 年在美国管理协会的一次保险研讨会上首次提出的。1931 年，美国管理协会保险部开始率先倡导风险管理，并通过举办学术会议和研讨班的形式集中研究风险管理和保险问题。风险管理是识别、度量项目风险，制定、选择和管理风险处理方案的过程。风险管理是一个动态的、循环的、系统的、完整的过程。建设工程项目风险管理具有同样的特性。

二、保险与风险

1. 保险

(1) 保险的定义

保险是一种合同行为，保险经济关系是通过保险双方订立保险合同来确立的。根据保险合同的约定，投保人承担交付保险费的义务，保险人在保险事故发生时履行保险赔偿或给付的义务。《中华人民共和国保险法》第二条规定，保险是指投保人根据合同约定，向保险人支付保险费，保险人对于合同约定的可能发生的事故因其发生所造成的财产损失承担赔偿保险金责任，或者当被保险人死亡、伤残、疾病或者达到合同约定的年龄、期限时承担给付保险金责任的商业保险行为。

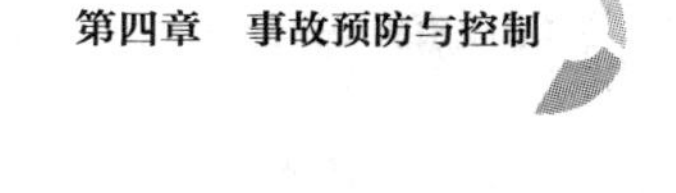

保险的经济学含义是一种经济补偿制度，是分摊意外事故损失的一种财务安排。保险集合了大量同质的风险，运用概率论和大数法则，正确估算损失概率和损失金额，并据此确定保险费率，通过向投保人收取保险费，建立保险基金，用以补偿被保险人所遭受的损失。

保险最主要的特征体现在它是一种经济行为，在今天，尤其表现为一种商业活动。从需求角度看，面临同样的风险，与之有利害关系的人希望获得保障。他们宁愿付出一定代价，希望在遭受损害后能够获得补偿。从供给角度看，保险人用特殊的技术手段将充分多的面临同样风险的人或单位组织起来，按照损失分摊原则向被保险人收取保险费，建立保险基金，当被保险人遭受损害后向其进行经济补偿，保险人承担了未来的不确定损害。

对被保险人而言，参加保险，受损补偿是以货币的形式进行的，所以是一种融资行为。人寿保险在这一点表现得更为明显，对被保险人而言，人寿保险更多地带有储蓄和投资的色彩，无疑是一种个人金融行为。

从被保险人之间的关系看，保险是一种分摊意外事故损害的财务安排，在被保险人之间起到了收入再分配的作用。

（2）保险的基本原则

1）最大诚信原则

最大诚信的含义是指当事人真诚地向保险公司充分而准确地告知有关保险的所有重要事实，不允许存在任何虚伪、欺瞒、隐瞒行为。而且不仅在保险合同订立时要遵守此项原则，在整个合同有效期内和履行合同过程中也都要求当事人间具有“最大诚信”。否则，保险公司可以宣布合同无效，或解除合同，甚至对因此受到的损害还可以要求对方予以赔偿。

2）保险利益原则

保险利益原则是指在订立和履行保险合同的过程中，投保人或被保险人对保险标的具有保险利益，而且这种利益必须是合法的、确定的经济利益。通俗地说，就是投保人不能拿不属于自己的生命健康或财物来投保，以防止道德风险或是将保险变成赌博行为。

3）近因原则

近因是引起保险标的损失的直接、有效、起决定作用的因素。由于导致保险损失的原因可能会有多个，因此，近因原则对认定保险公司是否应承担保险责任具有十分重要的意义。如果造成保险标的损失的近因属于保险责任范围内的事故，则保险公司承担赔偿责任，反之则保险公司不负赔偿责任。

4）损失补偿原则

损失补偿原则是指当保险事故发生时，被保险人从保险人所得到的赔偿应正好填补被保险人因保险事故所造成的保险金额范围内的损失。通过补偿，使被保险人的保险标的在经济上恢复到受损前的状态，不允许被保险人因损失而获得额外的利益。这是因为保险的作用在于补偿损失，而不能让一些人因投保而获利，否则就会带来严重的道德风险和骗保行为。

损失补偿原则有两个派生原则，即重复保险分摊原则、代位求偿原则。重复保险分摊原则只适用于财产保险，指投保人向多个保险人重复保险时，投保人的索赔只能在保险人之间分摊，赔偿金额不得超过损失金额。这是补偿原则在重复保险中的运用，以防止被保险人因重复保险而获得额外利益。代位求偿原则也只适用于财产保险。在财产保险中，保险事故的发生是由第三者造成并负有赔偿责任，则被保险人既可以根据法律的有关规定向第三者要求赔偿损失，也可以根据保险合同要求保险人支付赔款。如果被保险人首先要求保险人给予赔偿，则保险人在支付赔款以后，保险人有权在保险赔偿的范围内向第三者追偿，而被保险人应把向第三者要求赔偿的权利转让给保险人，并协助向第三者要求赔偿。

（3）保险的特征

1）经济性。保险是一种经济保障活动。保险经济保障活动是整个国民经济活动的一个有机组成部分，其保障的对象是财产和人身，它们直接或间接属于社会生产中的生产资料和劳动力两大经济要素；其保障手段都以货币形式进行补偿或给付。

2）商品性。在商品经济条件下，保险是一种特殊的服务性商品，体现了投保人和保险人之间的一种交换的商品经济关系。

3）互助性。保险是通过保险人向众多投保人收取保险费，建立保险基金，应对少数被保险人面临的风险损失，体现了“一人为众，众为一人”的互助特征。

4）法律性。从法律角度看，保险是一种合同行为。保险合同是保险双方建立保险关系的形式，也是保险双方当事人履行权利和义务的法律依据。

5）科学性。现代保险以大数法则和概率论等科学的数理理论为基础，保险费率的厘定和保险准备金的计提都是建立在科学精算基础上的。

2. 风险与保险的关系

（1）风险是保险产生和存在的前提

无风险就无保险。风险是客观存在的，无处不在，无时不有，时时处处威胁着人类的生命和财产安全。而且不以人的意志为转移，风险的发生直接影响社会生产过程中的继续进行和家庭的正常生活，人们从而产生了对损失进行补偿的需要。保险是一种被社会普遍接受的风险管理和经济补偿方式，因此，风险是保险的产生和存在的前提，风险的存在是保险产生和存在的基础。

风险的发展是保险发展的客观依据，也是新险种产生的基础。随着社会的进步和科技水平的提高，在给人们带来新的更多的财富的同时，也给人们带来了新的风险和

损失，与此相适应，也不断产生新的险种。

（2）风险的发展是保险发展的客观依据

社会进步、生产发展与科学的进步和应用，在给人类社会克服原有风险的同时，也带来了新的风险，新风险对保险提出了新要求，从而必然促进保险业不断根据形势变化设计新险种、开发新业务，最终使保险获得持续发展。

（3）保险是传统有效的风险处理措施

人们面临各种风险损失，一部分可以通过控制的方法消除或减少，但风险不可能全部消除。面对各种风险造成的损失，单靠自身力量解决，就需要提留与自身财产价值等量的后备基金，这样既造成资金浪费和机会成本，又难以解决巨灾造成的补偿问题，因此转移就成为风险管理的重要手段。保险作为转移方法之一，是风险管理中传统有效的风险财务转移手段。通过保险，可以把不能自行承担的集中风险转嫁给保险人，以小额的固定保费支出来换取对未来不确定的巨额风险损失的经济保障，从而减轻或消化风险损失后果。保险长期以来被视为处理风险的有效措施之一。保险人作为与各种风险打交道的专业部门，不仅具有丰富的风险管理经验，而且通过积极参与社会防灾防损以及督促保险客户加强防灾防损，直接有效地化解某些风险，从而构成社会化风险管理的重要组成部分。

（4）保险经营效益受风险管理技术的制约

保险经营属于商业交易行为，其经营效益好坏同样也受多种风险因素的制约，同样需要风险管理技术来控制保险经营过程中的风险。保险人对自己所面临风险的识别是否全面，对风险损失的频率和损失程度估测是否准确，哪些风险可以承保，哪些风险不可以承保，保险承保范围应有多大，程度应如何，保险的成本与效益的比较等，都直接制约着保险的经营效益。

三、保险的种类与作用

根据保险的广义概念，结合保险领域中的实际情况，从宏观角度可以将保险分为社会保险、政策保险与商业保险。

1．社会保险

社会保险是指国家通过立法，对国民在年老、疾病、残废、伤亡、生育、失业等情况下给予物质帮助的一种制度，是每个国民的一项基本权利。世界各国由于政治制度、经济发展水平和文化传统的不同，社会保险所包含的内容也不尽相同，但基本点是一致的。它目前包括养老保险、医疗保险、生育保险、工伤保险及失业保险。

2．政策保险

政策保险即政策性保险，是指政府为实现其政治、经济、社会、伦理等方面的政策目的，利用保险形式实施的措施。从保险目的上看，它表现为政府政策的贯彻实施；从保险范围上看，它具有全面性；从保险形式上看，表现为强制性方式；在保险金的赔偿上，表现为固定金额的特点。它目前包括出口信用保险、机动车交通事故责任强制保险等。

3. 商业保险

商业保险是指按商业经营原则所进行的保险。具体地讲，它是指投保人根据合同约定，向保险人支付保险费，保险人对于合同约定的可能发生的事故因其发生所造成的财产损失承担赔偿保险金责任，或者当被保险人死亡、伤残、疾病或者达到合同约定的年龄、期限时承担给付保险金责任的保险行为。人们平常所说的，能够自主选定的保险都是商业保险。

从整体上看，保险标的有两种，一是经济生活的主体，即人身；二是经济生活的客体，即财产。所以，不论在理论上还是实践中，保险业务通常被区分为财产保险与人身保险。这种传统的保险业务分类模式持续了几个世纪。随着社会关系不断变化和保险经营技术不断改进，责任保险与再保险日益受到重视，并逐渐从传统保险业务中分离出来，成为独立的保险业务种类。

（1）财产保险

财产保险是指以财产及其相关利益为保险标的、因保险事故的发生导致财产的损失，以金钱或实物进行补偿的一种保险。财产保险有广义与狭义之分。广义的财产保险包括财产损失保险、责任保险、保证保险等。狭义的财产保险是以有形的物质财富及其相关利益为保险标的的一种保险。本处所要分析的为狭义的财产保险，其内容包括：

1）火灾保险

火灾保险简称火险，是指保险人对于保险标的因火灾所导致的损失负责补偿的一种财产保险。火灾是财产面临的最基本和最主要的风险，早期的财产保险主要是针对火灾对于各种财产所造成的破坏。随着保险经营技术的改进，保险人开始将火灾保险单承保的责任范围扩展到各种自然灾害和意外事故对于财产所造成的损失，但国际保险市场习惯上仍将对一般的固定资产和流动资产的保险称为火灾保险。

2）海上保险

海上保险简称水险，是指保险人对于保险标的物因海上危险所导致的损失或赔偿责任，提供经济保障的一种保险。在所有保险中，海上保险的历史最为悠久，其保险标的随着保险经营技术的发展而不断变化。早期的海上保险经营范围仅限于海上，其保险标的为船舶、货物和运费三种。承保的风险也仅为海上固有的风险。19 世纪末，随着商品贸易的发展和运输方式的变革，海上保险范围开始扩大，承保的保险标的种类逐步增加。如果说在此之前海上保险的保险范围是以航海为限，实行的是“海上风

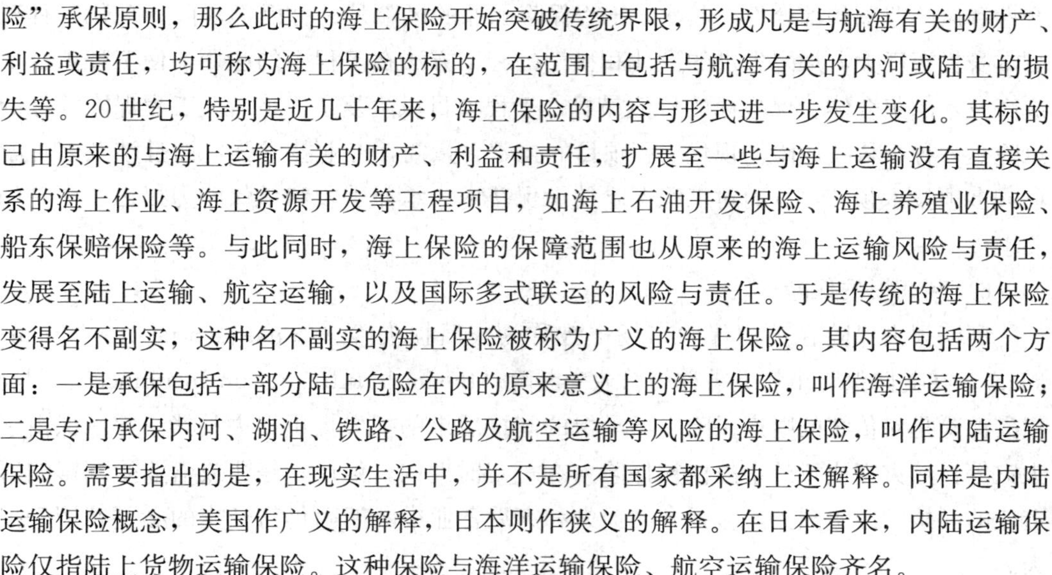

险”承保原则，那么此时的海上保险开始突破传统界限，形成凡是与航海有关的财产、利益或责任，均可称为海上保险的标的，在范围上包括与航海有关的内河或陆上的损失等。20世纪，特别是近几十年来，海上保险的内容与形式进一步发生变化。其标的已由原来的与海上运输有关的财产、利益和责任，扩展至一些与海上运输没有直接关系的海上作业、海上资源开发等工程项目，如海上石油开发保险、海上养殖业保险、船东保赔保险等。与此同时，海上保险的保障范围也从原来的海上运输风险与责任，发展至陆上运输、航空运输，以及国际多式联运的风险与责任。于是传统的海上保险变得名不副实，这种名不副实的海上保险被称为广义的海上保险。其内容包括两个方面：一是承保包括一部分陆上危险在内的原来意义上的海上保险，叫作海洋运输保险；二是专门承保内河、湖泊、铁路、公路及航空运输等风险的海上保险，叫作内陆运输保险。需要指出的是，在现实生活中，并不是所有国家都采纳上述解释。同样是内陆运输保险概念，美国作广义的解释，日本则作狭义的解释。在日本看来，内陆运输保险仅指陆上货物运输保险。这种保险与海洋运输保险、航空运输保险齐名。

3）汽车保险

汽车保险的内容包括汽车损失保险和汽车责任保险。前者主要承保汽车车身的损失，有时也承保医疗费用风险。此种医疗费用风险，是指被保险汽车在使用过程中发生意外事故，致使被保险人或同车乘客直接受到身体伤害时，由其支付医疗费用的风险。后者承保被保险人因汽车对第三者所负的赔偿责任，故称第三者意外责任保险。汽车第三者意外责任险通常又被区分为第三者人身伤害责任险、第三者财产损害责任险等。被保险人对于汽车损失保险与汽车责任保险，可以合并投保，也可以分开投保。汽车保险在保险市场上的地位日益突出，当今世界非寿险保费收入的60%以上为汽车险的保费。汽车保险在我国被称为机动车辆保险。

4）航空保险

航空保险是一个统称，在国际保险市场上，其保障范围包括一切与航空有关的风险。航空保险与海上保险、汽车保险一样，在国际上通常将其单独命名。航空保险的保障对象有财物和人身之分，以财物为保险标的的航空保险，主要有飞机保险与空运货物保险；以责任为保险标的的航空保险则有旅客责任险、飞机第三者责任险和机场责任险等。这样的飞机保险划分也有例外，在美国，空运货物保险被包括在内陆运输保险范围之内。

5）工程保险

工程保险是指对进行建筑工程项目、安装工程项目及工程运行中的机器设备等面临的风险提供经济保障的一种保险。工程保险在性质上属于综合保险，既有财产风险的保障，又有责任风险的保障。与普通财产保险相比，工程保险的特点如下：首先，工程保险承保的风险是一种综合性风险，表现为风险承担者的综合性、保险项目的综合性和风险范围的综合性。其次，工程保险承保的风险是一种巨额风险。现代工程项目本身投资巨大，加之先进的设计和科学的施工方法在工程中的应用，使工程项目变成高技术的集合体。保险标的价值昂贵，工程项目风险复杂。最后，工程保险承保的风险是一种高科技风险。现代工程项目的技术含量高，专业技术强，而且涉及多种学科或多项技术领域，从而对工程保险的承保技术、承保手段和承保能力提出了更高的要求。

6）利润损失保险

利润损失保险在英国保险市场上被称为灾后损失险（Consequential Loss Insurance），在美国保险市场上被称为营业中断险（Business Interruption Insurance）。利润损失保险是对传统的财产保险中不承保的间接后果的损失提供损失补偿。它承保由于火灾等自然灾害或意外事故使被保险人在一定时期内，停产、停业或营业受到影响所造成的间接的经济损失，包括利润损失和灾后营业中断期间仍需开支的必要费用等损失。

利润损失保险是一种附加险，它是依附在火灾或财产保险基本保单上的一种扩大责任的保险。由于利润损失保险所保风险与火灾或财产保险所保的风险是一致的，所以只有在财产遭受保险事故发生物质损失，而该种物质损失已经或可以获得保险赔偿的情况下，保险人才负责赔偿该事故所造成的利润损失。

7）农业保险

农业保险是以种植业和养殖业为保险标的，对其在生长、哺育、成长过程中因遭受自然灾害或意外事故导致的经济损失提供损失补偿的一种保险。种植业保险包括生长期农作物保险、收获期农作物保险、森林保险、经济林和园林苗圃保险等。养殖业保险包括大牲畜保险、家畜家禽保险、水产养殖保险和其他养殖保险等。

由于农业风险较大、农业经济收入偏低等客观因素的制约，农业保险不适宜采用商业保险经营方式。国际上的商业保险公司较少涉足农业保险，即使经营农业保险也不采取严格的商业保险经营准则。

（2）人身保险

人身保险是以人的身体或生命为保险标的的一种保险。根据保障范围的不同，人身保险可以分为人寿保险、意外伤害保险和健康保险。

1）人寿保险

人寿保险是以人的寿命为保险标的，当发生保险事故时，保险人对被保险人履行给付保险金责任的一种保险。人寿保险包括死亡保险、生存保险、生死合险。

①死亡保险。死亡保险是在保险有效期内被保险人死亡，保险人给付保险金的一种保险。死亡保险又分为定期死亡保险和终身死亡保险。定期死亡保险习惯上称为定期保险。它是一种以被保险人在规定期限内发生死亡事故而由保险人给付保险金的保

险。终身死亡保险又称为终身人寿保险或终身保险，它是一种被保险人按约定定期交付保费，保险人在被保险人死亡时给付保险金的保险。

②生存保险。生存保险是以被保险人在规定期限内生存作为给付保险金的条件的一种保险。有年金保险和定期生存保险之分。年金保险也称养老金保险，该保险的被保险人按约定定期支付保险费后，保险人对被保险人生存期间承担自约定期开始按期给付同一金额的年金的责任，直至被保险人死亡为止。如果被保险人在保险期内死亡，保险合同即告终止。定期生存保险是以某一特定期间为限，并以被保险人在此期间生存作为给付年金条件的一种生存保险。定期生存保险的年金给付受到两个条件限制：一是被保险人在保险约定期内死亡，保险责任即告终止；二是被保险人生存到保险期满，年金停止给付。

③生死合险。又称两全保险，它是生存保险与死亡保险的混合险种。生死合险的保险责任范围包括生存保险与死亡保险两者的责任范围，即无论被保险人在保险有效期内是生存还是死亡，保险人均应承担给付保险金的责任。

2）意外伤害保险

意外伤害保险是指被保险人在保险有效期间因遭遇非本意的、外来的、突然的意外事故，致使其身体蒙受伤害因而残废或死亡时，保险人按照合同约定给付保险金的一种人身保险。意外伤害保险可以单独办理，也可以附加于其他人身险合同内作为一种附加保险。该险种主要有两大类，即普通意外伤害保险和特种意外伤害保险。前者作为一种独立的险种，专门为被保险人因各种意外事故导致身体伤害而提供保险保障的一种保险。后者保障范围仅限于特种原因或特定地点所造成的伤害，如电梯乘客意外伤害保险、旅游伤害保险等。

3）健康保险

健康保险是指被保险人因疾病、分娩而造成的经济损失由保险人提供经济保障的一种保险。按经济损失的形式可将健康保险分为三类，第一类是被保险人由于疾病或分娩所致残废或死亡，由保险人给付残废保险金或死亡保险金的一种健康保险。第二类是医疗费用保险，即由于疾病和分娩所发生的医疗费用支出，由保险人给予保障的一种健康保险。第三类是工作能力丧失收入保险，被保险人由于疾病所致的全部工作能力丧失或部分工作能力丧失，而使其不能获得正常收入，由保险人分期给付保险金的一种健康保险。

（3）责任保险

责任保险是以被保险人依法应负的民事损害赔偿责任或经过特别约定的合同责任为保险标的的一种保险。责任保险的种类包括：

1）公众责任保险

公众责任保险又称普通责任保险或综合责任保险，它是责任保险中独立的、适用

范围极为广泛的保险类别，主要承保企业、机关、团体、家庭、个人以及各种组织在固定的场所因其疏忽、过失行为而造成他人的人身伤害或财产损失，依法应承担的经济赔偿责任的一种保险。公众责任保险包括场所责任保险、个人责任保险等。

2）产品责任保险

产品责任保险是承保产品制造者、销售者，因产品缺陷致使他人的人身伤害或财产损失而依法应由其承担的经济赔偿责任的一种保险。产品责任保险的特点如下：第一，强调以产品责任法为基础。因为受害者与致害者之间并无契约关系，如果没有一定的法律规定，受害者的索赔将无依据，产品责任亦不易划分，产品责任保险将成为无源之水。第二，产品责任保险虽不承担产品本身的损失，但它与产品有着内在的联系。产品质量越好，其风险就越小。第三，由于产品是连续不断地生产和销售的，所以产品责任保险的保险期限虽为一年，但它强调续保的连续性和保险的长期性。第四，产品责任事故须发生在制造、销售场所范围之外的地点。

3）职业责任保险

职业责任保险是承保各种专业技术人员，因工作疏忽或过失造成合同对方或他人的人身伤害或财产损失而依法应承担经济赔偿责任的一种保险。职业责任保险一般由提供各种专业技术服务的单位（如医院、律师事务所、会计师事务所、设计院等）投保，它适用于医生、药剂员、工程师、设计师、律师、会计师等专业技术工作者。现今国际保险市场上主要有医疗责任保险、律师责任保险、会计师责任保险、建筑工程技术人员责任保险及其他职业责任保险等。

4）雇主责任保险

雇主雇佣劳工需要承担数种责任，其中代价最高的是按照劳工赔偿法或雇主责任法对雇员因工作而遭受的伤亡和疾病应当承担的法律赔偿责任。雇主通过参加雇主责任保险来遵守这一法律规定。雇主责任保险是承保被保险人（雇主）的雇员在受雇期间从事业务时，因遭受意外事故导致伤、残、死亡，或患有与职业有关的职业性疾病而依法或根据雇佣合同应由被保险人承担的经济赔偿责任。雇主所承担的这种责任包括其自身的故意行为、过失行为乃至无过失行为所致的雇员人身伤害赔偿责任，但保险人为控制风险并与社会公共道德准则相一致，被保险人的故意行为被列为除外责任。雇主责任保险的特点是：第一，以民法和雇主责任法或雇主与雇员之间的雇佣合同作为承保条件。第二，被保险人是雇主，保险人与被保险人的雇员之间不存在保险关系，但该保险所保障的则是雇员的权益。

（4）信用保证保险

信用保证保险是一种以经济合同所制定的有形财产或预期应得的经济利益为保险标的的一种保险。信用保证保险是一种担保性质的保险。按担保对象的不同，信用保证保险可分为信用保险和保证保险两种。

信用保险是权利人要求保险人担保对方（被保证人）的信用的一种保险。信用保险的投保人为信用关系中的权利人，由其投保他人的信用。例如，卖方（权利人）担心买方不付款或不能如期付款而要求保险人保险，保证其在遇到上述情况而受到损失时，由保险人给予赔偿，如出口信用保险等。

保证保险则是被保证人根据权利人的要求，请求保险人担保自己的信用的一种保险。保证保险的保险人代被保证人向权利人提供担保，如果由于被保证人不履行合同义务或者有犯罪行为，致使权利人受到经济损失，由其负赔偿责任。例如工程承包合同规定，承包人应在和业主签订承包合同后20个月内支付工程项目，业主（权利人）为能按时接收完工项目，要求承包人（被保证人）提供保险公司的履约保证，保证承包人不能如期完工而使业主（权利人）受到经济损失时，由保险公司（保证人）给予赔偿。

除上述险种外，还有其他保险，如原子能保险、核电站保险、地震保险、航天保险等，这些保险主要是对巨灾风险提供保障，由于它们的历史短、业务量小，不具有广泛的代表性，在此不做详细介绍。

4. 各类保险的区别

（1）社会保险与商业保险的区别

社会保险是政府为解决有关社会问题即对国民实行经济保障，以维持其最基本生活需要的一种保险制度。在管理上，要求有权威性的机构进行统一管理。无论是在发达国家还是在发展中国家，社会保险无疑是由政府直接管理或政府的权威职能部门统一管理。商业保险是对所有经济单位、个人和家庭所进行的社会化保障措施的保险，是按照商品经济原则进行的保险。在管理方式上，一般都采取商业化管理方式，经营主体只要符合保险法规所要求的条件，无论个人、企业都可以充当保险人，没有固定的对象限制。

社会保险具有社会立法和保障公民最基本生活的特点，一方面它是每个公民享有的权利，另一方面它的具体实施对象（即受益人）又是特定的，即由于各种原因使基本生活难以为继的公民；商业保险采取商业经营方式，实行自愿参加、多投多保、少投少保的保险原则。

社会保险是社会保障体系的主要内容（习惯上称为社会福利保险）；商业保险只是社会后备基金体系中的一个重要组成部分，是以商业化、社会化的形式表现出来的社会后备基金。

此外，社会保险和商业保险在保费负担、保险方式、补偿标准、盈利与否等方面都有很大差异。因此，必须界定社会保险与商业保险的区别，明确经营主体，禁止兼营。

（2）政策保险与商业保险的区别

政策保险一般都具有全面性。全面性是指凡在保险法令规定范围内的保险对象，都必须参加保险。与此相应的是，由于政策性保险的全面性及其实施的需要，政策保险往往要由政府颁布命令条例来保证实施，有的还采取法定保险方式强制实行，商业保险则是建立在平等、自愿基础之上的。

由于政策保险是为政府实现政策目的而举办的，体现了公共利益性和公共政策性。这两个特征决定了政策保险一般是没有赢利的，甚至是亏损的，如农业保险等。所以，政策保险一般由政府补贴或直接创办。商业保险经营的目的是获取利润。

（3）政策保险与社会保险的区别

政策保险一般以财产损失，或与财产活动有关的人身损失为保险标的；而社会保险在某种程度上说是人身保险的政策化。

政策保险的保费一般由投保人自己缴纳，或政府对保险人采取补贴；社会保险的保费一般由个人、企业和政府三者共同负担，在某些情况下，个人完全不负担保险费。

复习思考题

1. 2010 年某日，云南红河州建水县某厂在生产过程中产生有毒有害硫化氢气体并富集在腌制池底部，1 人在不知情的情况下进入池子开展清洗作业中毒晕倒，其他 5 名作业人员先后下到池子中救人相继晕倒在池子中，经现场组织抢救送医院救治，有 3 人抢救无效死亡。试从作业场所环境保护角度分析说明防止此类事故措施。

2. 某电化厂液氯工段发生液氯钢瓶爆炸。使该工段 414 m^2 厂房全部摧毁，相邻的冷冻厂厂房部分倒塌，两个厂房内设备、管线全部损毁，并造成附近办公楼及厂区周围 280 余间民房不同程度损坏。液氯工段当班的 8 名工人当场死亡。更为严重的是爆炸后氯气扩散 7 km，由于电化厂设在市区，与周围居民区距离较近，事故共导致千余人氯气中毒，数十人死亡。直接经济损失达 63 万元。

最初爆炸的 1 只液氯钢瓶是由用户送到电化厂来充装液氯的。由于该用户在生产设备与液氯钢瓶连接管路上没有安装逆止阀、缓冲罐或其他防倒罐装置，致使氯化石蜡倒灌入液氯钢瓶中，这属于违章行为。而且在送来此钢瓶时也未向充装单位说明情况，留下重大事故隐患。

负责充装钢瓶的电化厂液氯工段工人违章操作，在充装液氯前没有按照操作规程对准备充装的钢瓶进行检查和清理，就进行液氯充装。充装时，钢瓶内的氯化石蜡和液氯发生化学反应，温度、压力升高，致使钢瓶发生爆炸，并导致周围相继钢瓶爆炸，造成严重后果，影响恶劣。

经调查：双方工人均未经特种作业人员培训和考核。当地政府和化工厂均没有事故应急救援预案或措施。

试根据上述材料，分析该起事故发生的原因，并从安全技术、安全教育、安全管理的角度，分别提出预防此类事故的措施。

实训四

一、实训目标

学生自主学习某种类型企业的生产特点，对该企业的事故类型，提出相应的事故预防措施。

二、任务描述

某施工现场，根据工程特点，安全防范重点主要有以下几个方面：①高处作业安全；②起重与运输；③杆塔施工与检修；④装表接电；⑤交通事故。

三、任务准备

1. 实训依据准备

(1)《安全生产法》。

(2)《建筑施工安全检查标准》(JGJ 59—2011)、《施工企业安全生产评价标准》(JGJ/T 77—2010)、《建筑施工高处作业安全技术规范》(JGJ 80—2011)、《建筑机械使用安全技术规程》(JGJ 33—2012)、《施工现场临时用电安全技术规范》(JGJ 46—2012)、《建设工程施工现场供用电安全规范》(GB 50194—2014)、《塔式起重机安全规程》(GB 5144—2012) 等安全施工相关规范。

2. 实训材料准备

(1) 实训用纸若干。

(2) 小组合作实训过程考评记录表（教师用）。

四、知识要点

1. 施工现场的工程特点。

2. 结合实际会初步分析制定各类事故的预防细节措施。

五、实训过程

1. 将学生分为5个小组，分别针对以上5个安全施工的防范重点进行学习，假定有可能发生事故的各种情形，并分析原因。

2. 针对每个原因，提出事故预防的措施，并以小组为单位，讨论该措施是否可以改进。

3. 当地某施工现场实地考察，学生试提出自己的事故预防措施建议，讨论是否可以与工程实际结合。

六、注意事项

1. 实训前需对施工现场有一定了解。

2. 实地考察进入施工现场，必须戴好安全帽，扣好帽带，注意安全。

第五章
事故隐患排查

本章学习目标

1. 掌握隐患及重大隐患的概念及分类。

2. 掌握危险、有害因素的辨识方法，并且会对危险、危险因素进行辨识。

3. 了解事故隐患排查程序，会对煤矿、建筑、危化企业进行安全隐患排查。

第一节　隐患的基本概念

一、安全隐患概念

安全隐患，是指生产经营单位违反安全生产法律、法规、规章、标准、规程、安全生产管理制度的规定，或者其他因素在生产经营活动中存在的可能导致不安全事件或事故发生的物的危险状态、人的不安全行为和管理上的缺陷。不进行整治或不采取有效安全措施，易导致事故的发生。

安全隐患分类非常复杂，从性质上分为一般安全隐患和重大安全隐患。一般安全隐患是指危害和整改难度较小、发现后能够立即整改排除的隐患。重大安全隐患是指可能导致重大人身伤亡或者重大经济损失的事故隐患。

安全隐患一般指事故隐患。按事故起因，可以将事故隐患分类归纳如下：

(1) 火灾（建筑物、非挥发性燃油、非粉尘状的可燃物质）；

(2) 爆炸（火药、可燃性气体和空气混合、可燃性粉尘、锅炉压力容器）；

(3) 中毒和窒息（有毒物质引起的急性中毒与窒息）；

(4) 水害（水库险情、矿山透水、淹井）；

(5) 坍塌（建筑物倒塌、井巷冒顶、片帮）；

(6) 滑坡（企业、居民周围的山体迸裂、滑坡、泥石流）；

(7) 泄漏（有毒、放射性物质泄漏）；
(8) 腐蚀（强烈腐蚀性物质暴露）；
(9) 触电（高压电）；
(10) 坠落（高平台、支架上）；
(11) 机械伤害（机械设备老化、安全防护装置不全或失灵）；
(12) 煤与瓦斯突出（煤矿井下煤与瓦斯突出）；
(13) 公路设施伤害（公路、公路桥梁、公路隧道）；
(14) 公路车辆伤害（汽车失灵或超负荷）；
(15) 铁路设施伤害（危轨、危桥、危险的铁路隧道、无效的通信）；
(16) 铁路车辆伤害（火车零件失效和失灵）；
(17) 水上运输伤害（船舶运输途中）；
(18) 港口码头伤害隐患（港区、码头）；
(19) 空中运输伤害隐患（飞机运输途中）；
(20) 航空港伤害隐患（航空港内设施，起飞前的飞机）；
(21) 其他类隐患（不能用以上类型分类的）。

二、重大隐患概念

重大事故隐患根据作业场所、设备及设施的不安全状态，人的不安全行为和管理上的缺陷，可能导致事故损失的程度分为三级：

一级重大事故隐患是指可能造成30人以上（含30人）死亡，或者100人以上重伤，或者1亿元以上直接经济损失，或可能造成重大社会影响，后果特别严重，需全部停产停业整治，且整改难度很大的事故隐患。

二级重大事故隐患是指可能造成10人以上30人以下死亡，或者50人以上100人以下重伤，或者5 000万元以上1亿元以下直接经济损失，且整改难度很大，需全部停产停业，经过一段时间整改治理方能排除的隐患，或者因外部因素影响致使生产经营单位自身难以排除的隐患。

三级重大事故隐患是指可能造成10人以下死亡，或者10人以上50人以下重伤（包括急性工业中毒），或者1 000万元以上5 000万元以下直接经济损失，且整改难度较大，需局部停产停业，经过一定时间整改治理方能排除的隐患。

第二节 危险、有害因素辨识

危险、有害因素辨识就是根据评价对象的具体情况，辨识和分析危险、有害因素，

确定其存在的部位、方式，以及发生作用的途径和变化规律。它是安全评价过程中非常重要、不可或缺的步骤，是划分评价单元、提出安全对策措施与建议的依据和原则。

一、危险、有害因素

1. 危险、有害因素的定义

危险因素是指能对人造成伤亡或对物造成突发性损害的因素。尚无可靠的证据能够证明该因素一定会导致事故，但是当消除该因素时，事故发生概率也随之下降。危险因素是事故发生的必要条件。危险因素的感度是指危险因素转化为事故的难易程度。

有害因素是指能影响人的身体健康、导致疾病，或对物造成慢性损害的因素。有害因素有别于危险因素，有害因素强调在一定时间范围内的积累作用。危险因素在时间上比有害因素来得快，来得突然，造成的危害比后者严重。

2. 危险、有害因素的分类

目前，在我国安全评价工作中，对危险、有害因素的分类目前最常采用的标准是《生产过程危险和有害因素分类与代码》（GB/T 13861—2009）和《企业职工伤亡事故分类》（GB 6441—1986），通常的危险、有害因素的分类是综合这两个标准确定的。

各行各业的差别较大，主要的危险、有害因素各不同，为了便于准确辨识危险、有害因素，查找事故隐患，提出经济可行的安全对策措施，应制定一个统一的危险、有害因素辨识标准，根据各行业本身特点，划分危险、有害因素的类别，初步划分情况见表 5—1。

表 5—1　　危险、有害因素分类标准

	类别	分类别	主要的危险、有害因素
危险有害因素分类标准	矿山	煤矿	瓦斯爆炸、煤尘爆炸、冒顶片帮、中毒、窒息、电气设备、设施伤害、火灾、机械伤害、水灾、提升、车辆运输、高处作业、掘进作业、采煤作业、顶底板灾害、爆破作业等
		非煤矿山	地压、粉尘、爆破作业、中毒、窒息、触电、设施伤害、火灾、机械伤害、水灾、提升、运输、坠落、噪声与振动危害、放射性危害、起重伤害、沉陷、裂缝、坍塌、位移、管涌、流土等、滑坡、物体打击、车辆运输、高温、冻伤等
	石油化工		火灾、化学爆炸、中毒、化学腐蚀、物理爆炸、窒息、高温灼烫、低温冻伤、辐射、粉尘爆炸、高处坠落、开停车、检修、危险品运输等
	烟花爆竹		（1）药剂的热感度、火焰感度、机械感度、电能的敏感度、化学能的敏感度等；（2）明火引燃、引爆成品和半成品；（3）静电引起爆炸；（4）雷电引发事故；（5）撞击或摩擦引发事故；（6）温度、湿度引起的事故
	民用爆破器材		高温、撞击摩擦、静电火花
	建筑		倒塌、高处坠落、物体打击和挤压、电击、起重机械伤害、火灾爆炸、交通事故等

续表

	类别	分类别	主要的危险、有害因素
危险有害因素分类标准	交通运输	公路	恶劣天气、运输的危险货物、道路状况、车辆、人员、道路交通安全标志等
		水路	恶劣天气、航道（宽度、弯曲度、深度、航路标志的设置）、海上礁石、浅滩及水中障碍物、机器故障、淹溺等
		航空	恶劣天气、机械故障等
		铁路	恶劣天气、轨道故障、电气火灾等
	电力		触电、电气火灾、静电危害、雷击、停电、短路、过载、灼烫、中毒、高处坠落、车辆伤害、电磁辐射、噪声、振动、高温、粉尘等
	机械行业	静止的危险	（1）切削刀具的刀刃 （2）机械加工设备突出较长的机械部分 （3）毛坯、工具、设备边缘锋利飞边和粗糙表面 （4）引起滑跌、坠落的工作平台
		运动的危险	（1）卷统和绞缠；（2）卷入和碾压；（3）挤压、剪切和冲撞；（4）飞出物打击；（5）物体坠落打击；（6）切割和擦伤；（7）碰撞和刮蹭
		电离辐射危害	（1）放射性物质；（2）X射线装置；（3）R射线装置等的电离辐射
		非电离辐射危害	紫外线、可见光、红外线、激光和射频辐射等
	共性危险有害因素	噪声	机械噪声、电磁性噪声、空气动力性噪声等
		锅炉压力容器、压力管道	设备本身失效、承压元件的失效、安全保护装置失效等
		其他特种设备	挤压、坠落、物体打击、超载、碰撞、基础损坏、夹钳、擦伤、卷入等
		人员	违反操作规程、人员失误、违章指挥、监护不利、生理缺陷、心理缺陷等
		管理缺陷	（1）安全责任制、安全管理制度、岗位安全操作规程不健全，不能够有效贯彻落实，不能够持续改进等 （2）事故应急预案不健全、不使用、不能够持续改进、不举行演练、演练未达到效果等
		防护缺陷	（1）无防护设施、设备 （2）防护设施、设备不符合要求等
备注			（1）石油化工企业具有高温高压易燃易爆的特性，建议从按照生产工艺流程进行危险有害因素辨识 （2）为了能够全面有序地识别危险有害因素，对于规定的项目、企业宜按照： ①厂址；②总平面布置；③道路及运输；④建构筑物；⑤主要设备装置；⑥作业环境；⑦公用工程；⑧物料；⑨安全管理措施 （3）职业危害分析：各行业应根据实际情况按照职业卫生相关规定进行辨识分析 （4）安全评价或其他过程涉及的危险物质应参考危险化学品安全技术说明书的内容和数据进行辨识和分析

二、危险、有害因素辨识

1. 危险、有害因素辨识的主要内容

在进行危险、有害因素的识别时，要全面、有序进行，防止出现漏项，宜从厂址、总平面布置、道路运输、建构筑物、生产工艺、生产设备装置、作业环境、安全管理措施等几方面进行。识别过程实际上就是系统安全分析的过程。

（1）厂址

从厂址的工程地质、地形地貌、水文、气象条件、周围环境、交通运输条件、自然灾害、消防支持等方面分析、识别。

（2）总平面布置

从功能分区、防火间距和安全间距、风向、建筑物朝向、危险有害物质设施、动力设施（如氧气站、乙炔气站、压缩空气站、锅炉房、液化石油气站等）、道路、储运设施等方面进行分析、识别。

（3）道路运输

从运输、装卸、消防、疏散、人流、物流、平面交叉运输和竖向交叉运输等方面进行分析、识别。

（4）建构筑物

从厂房的生产火灾危险性分类、耐火等级、结构、层数、占地面积、防火间距、安全疏散等方面进行分析识别。

从库房储存物品的火灾危险性分类、耐火等级、结构、层数、占地面积、安全疏散、防火间距等方面进行分析识别。

（5）生产工艺

1）对新建、改建、扩建项目设计阶段危险、有害因素的识别。

2）对安全现状综合评价可针对行业和专业的特点及行业和专业制定的安全标准、规程进行分析、识别。

针对行业和专业的特点，可利用各行业和专业制定的安全标准、规程进行分析、识别。例如，原劳动部曾会同有关部委制定了冶金、电子、化学、机械、石油化工、轻工、塑料、纺织、建筑、水泥、制浆造纸、平板玻璃、电力、石棉、核电站等一系列安全规程、规定，评价人员应根据这些规程、规定、要求对被评价对象可能存在的危险、有害因素进行分析和识别。

3）根据典型的单元过程（单元操作）进行危险、有害因素的识别。

典型的单元过程是各行业中具有典型特点的基本过程或基本单元。这些单元过程的危险、有害因素已经归纳总结在许多手册、规范、规程和规定中，通过查阅均能得

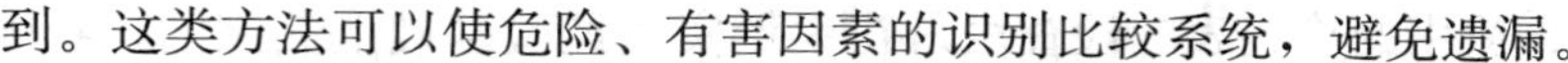

到。这类方法可以使危险、有害因素的识别比较系统，避免遗漏。

（6）生产设备、装置

对于工艺设备可从高温、低温、高压、腐蚀、振动、关键部位的备用设备、控制、操作、检修和故障、失误时的紧急异常情况等方面进行识别。

对机械设备可从运动零部件和工件、操作条件、检修作业、误运转和误操作等方面进行识别。

对电气设备可从触电、断电、火灾、爆炸、误运转和误操作、静电、雷电等方面进行识别。

另外，还应注意识别高处作业设备、特殊单体设备（如锅炉房、乙炔站、氧气站等）等的危险、有害因素。

（7）作业环境

注意识别存在毒物、噪声、振动、高温、低温、辐射、粉尘及其他有害因素的作业部位。

（8）安全管理措施

可以从安全生产管理组织机构、安全生产管理制度、事故应急救援预案、特种作业人员培训、日常安全管理等方面进行识别。

2. 危险、有害因素辨识的方法

危险、危害因素辨识是事故预防、安全评价、重大危险源监督管理、建立应急预案体系以及建立职业安全卫生管理体系的基础，许多系统安全评价方法，都可用来进行危险、危害因素的辨识。危险、危害因素的分析需要选择合适的方法，应根据分析对象的性质、特点和分析人员的知识、经验和习惯来选用。常用的辨识方法大致可分为两大类。

（1）直观经验分析方法

适用于有可供参考先例、有以往经验可以借鉴的危险、危害因素过程，不能应用在没有可供参考先例的新系统中。

1）对照、经验法

对照有关标准、法规、检查表或依靠分析人员的观察分析能力，借助于经验和判断能力直观地评价对象危险性和危害性的方法。对照、经验法是辨识中常用的方法，其优点是简便、易行，其缺点是受辨识人员知识、经验和占有资料的限制，可能出现遗漏。为弥补个人判断的不足，常采取专家会议的方式来相互启发、交换意见、集思广益，使危险、危害因素的辨识更加细致、具体。

20世纪60年代以后，国外开始根据法规、标准和安全检查表进行危险源辨识。例如，美国职业安全卫生局（OSHA）等安全机构制定、发行了各种安全检查表。安全检查表是集合以往的事故分析、找出的问题形成的，其优点是简单易行、不易遗漏，

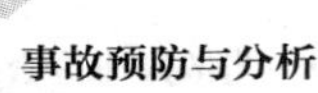

但必须有事先编制的、适用的检查表。检查表是在大量实践经验基础上编制的，我国一些行业的安全检查表、事故隐患检查表也可作为参考。

2）类比方法

利用相同或相似系统、作业条件的经验和生产安全事故的统计资料来类推、分析评价对象的危险、危害因素。

（2）系统安全分析方法

随着系统安全工程的兴起，系统安全分析方法逐渐成为危险源辨识的主要方法。系统安全分析是从安全的角度进行的系统分析，它通过揭示系统中可能导致系统故障或事故的各种因素及其相互关联来辨识系统中的危险源。它既可以用来辨识可能带来严重后果的危险源，也可以用来辨识没有事故先例的系统的危险源。系统越复杂，越需要利用系统安全分析方法辨识危险源。目前常用的系统安全分析方法有预先危害分析（PHA）、事故后果分析、故障类型和影响分析（FMEA）、危险性和可操作性研究（HAZOP）、事件树分析（ETA）、故障树分析（FTA）、管理疏忽和危险树（MORT）。

3. 危险、有害因素辨识时应注意的问题

危险、有害因素辨识时应注意以下 4 个方面：

（1）科学、准确、清楚

危险有害因素的辨识是分辨、识别、分析确定系统内存在的危险而并非研究防止事故发生或控制事故发生的实际措施。它是预测安全状况和事故发生途径的一种手段，这就要求进行危险有害辨识必须有科学的安全理论做指导，使之能真正揭示系统安全状况、危险有害因素存在的部位、存在的方式和事故发生的途径等，对其变化的规律予以准确描述并以定性定量的概念清楚地表示出来，运用严密的合乎逻辑的方法。

（2）分清主要危险有害因素和相关危险

不同行业的主要危险、有害因素不同，同一行业的主要危险、有害因素也不完全相同，所以，在进行危险有害因素辨识中要根据企业的实际情况，辨识企业的主要危险、有害因素，体现项目的特点，对于其他共性的危险、有害因素进行简单分析。

（3）防止遗漏

辨识危险、有害因素时不要发生遗漏，以免留下隐患；辨识时，不仅要分析正常生产运转、操作中存在的危险、有害因素，还要分析、辨识开车、停车、检修，装置受到破坏及操作失误情况下的危险、有害后果。

（4）避免惯性思维

实际上在很多情况下，同一危险、有害因素由于物理量不同，作用的时间和空间不同，导致的后果也不相同。所以，在进行危险、有害因素辨识时应避免惯性思维，坚持实事求是的原则。

三、重大危险源辨识及监控

1. 危险源

危险源指可能导致伤害或疾病、财产损失、工作环境破坏或这些情况的根源或状态。危险源包括职业危险因素和职业危害因素两个方面。职业危险因素是作业场所、设备及设施的不安全状态，人的不安全行为和管理上的缺陷，是引发安全事故的直接原因。职业危害因素生产作业环境中存在的、可能使作业人员某些器官和系统发生异常改变、形成急性或慢性病变的因素。广义的职业危害因素包括可引起工伤事故的职业性危险因素和可引起职业病变的职业性有害因素。狭义的职业危害因素主要指职业性有害因素。

根据危险源在事故发生发展过程中的作用，安全科学理论把危险源划分为两大类。

第一类危险源。根据能量意外释放理论，能量或危险物质的意外释放是伤亡事故发生的物理本质。因此，把施工过程中存在的可能发生意外释放的能量或危险物质称为第一类危险源。为了防止第一类危险源导致事故，必须采取措施约束、限制能量或危险物质，控制危险源。例如，某工程项目隧道施工涉及爆破工艺，该项目设置炸药库，炸药库中储存的炸药和雷管则是第一类危险源。

第二类危险源。正常情况下，施工过程中能量或危险物质受到约束或限制，不会发生意外释放，即不会发生事故。但是，一旦这些约束或限制能量危险物质的措施受到破坏或失效，则将发生事故。导致能量或危险物质约束或限制措施破坏或失效的各种因素称为第二类危险源。第二类危险源主要包括物的故障、人的失误、环境因素三个方面。上例中如果该项目制定危爆物品管理办法或其他管理制度，规范人的行为、物的状态和环境因素，控制爆炸事故的发生，这些办法或制度则是限制措施。但如果作业人员在炸药库内动火，可能发生爆炸事故，作业人员违规作业就是第二类危险源。

一起伤亡事故的发生往往是两类危险源共同作用的结果。第一类危险源是伤亡事故发生的能量主体，决定事故后果的严重程度。第二类危险源是第一类危险源造成事故的必要条件，决定事故发生的可能性。两类危险源相互关联、相互依存。第一类危险源的存在是第二类危险出现的前提，第二类危险源的出现是第一类危险源导致事故的必要条件。因此，危险源辨识的首要任务是辨识第一类危险源，在此基础上再辨识第二类危险源。

2. 重大危险源

广义上说，可能导致重大事故发生的设备、设施或场所都可称为重大危险源。

国家安全生产监督管理局下发的《关于开展重大危险源监督管理工作的指导意见》（安监管协调字〔2004〕56 号）中规定，重大危险源是指长期或者临时地生产、搬运、使用或储存危险物品，且危险物品的数量等于或超过临界量的场所和设施，以及其他存在危险能量等于或超过临界量的场所和设施。

（1）压力管道

符合下列条件之一的压力管道：

①长输管道

a. 输送有毒、可燃、易爆气体，且设计压力大于1.6 MPa的管道；

b. 输送有毒、可燃、易爆液体介质，输送距离大于或等于200 km且管道公称直径大于或等于300 mm的管道。

②公用管道

中压和高压燃气管道，且管道公称直径大于或等于200 mm。

③工业管道

a. 输送GB 5044规定的毒性程度为极度、高度危害气体、液化气体介质，且公称直径大于或等于100 mm的管道；

b. 输送GB 5044规定的极度、高度危害液体介质、GB 50160及GB 50016中规定的火灾危险性为甲、乙类可燃气体，或甲类可燃液体介质，且公称直径大于或等于100 mm，设计压力大于4 MPa的管道；

c. 输送其他可燃、有毒流体介质，且公称直径大于或等于100 mm，设计压力大于4 MPa，设计温度大于400℃的管道。

（2）锅炉

符合下列条件之一的锅炉：

①蒸汽锅炉：额定蒸汽压力大于2.5 MPa，且额定蒸发量大于或等于10 t/h。

②热水锅炉：额定出水温度大于或等于120℃，且额定功率大于或等于14 MW。

（3）压力容器

属于下列条件之一的压力容器：

①介质毒性程度为极性、高度或中度危害的三类压力容器；

②易燃介质，最高工作压力大于或等于0.1 MPa，且PV大于或等于100 MPa·m^{3}的压力容器（群）。

（4）煤矿（井工开采）

符合下列条件之一的矿井：

①高瓦斯矿井；

②煤与瓦斯突出矿井；

③有煤尘爆炸危险的矿井；

④水文地质条件复杂的矿井；

⑤煤层自然发火期小于6个月的矿井；

⑥煤层冲击倾向为中等及以上的矿井。

（5）金属、非金属地下矿井

符合下列条件之一的矿井：

①瓦斯矿井；

②水文地质条件复杂的矿井；

③有自燃发火危险的矿井；

④有冲击地压危险的矿井。

（6）尾矿库

全库容大于或等于 100 万 m 或者坝高大于或等于 30 m 的尾矿库。

3. 危险化学品重大危险源辨识

国家标准《危险化学品重大危险源辨识》（GB 18218—2009）中，危险化学品重大危险源（major hazard installations for dangerous chemicals）被定义为：长期地或临时地生产、加工、使用或储存危险化学品，且危险化学品的数量等于或超过临界量的单元。

危险化学品（dangerous chemicals）指具有易燃、易爆、有毒、有害等特性，会对人员、设施、环境造成伤害或损害的化学品。

单元（unit）指一个（套）生产装置、设施或场所，或同属一个生产经营单位的且边缘距离小于 500 m 的几个（套）生产装置、设施或场所。

临界量（threshold quantity）指对于某种或某类危险化学品规定的数量，若单元中的危险化学品数量等于或超过该数量，则该单元定为重大危险源。

（1）临界量的确定

①在表 5—2 范围内的危险化学品，其临界量按表 5—2 确定。

②未在表 5—2 范围内的危险化学品，依据其危险性，按表 5—3 确定临界量；若一种危险化学品具有多种危险性，按其中最低的临界量确定。

表 5—2　　危险化学品名称及其临界量

序号	类别	危险化学品名称和说明	临界量（T）
1	爆炸品	叠氮化钡	0.5
2		叠氮化铅	0.5
3		雷酸汞	0.5
4		三硝基苯甲醚	5
5		三硝基甲苯	5
6		硝化甘油	1
7		硝化纤维素	10
8		硝酸铵（含可燃>0.2%）	5

续表

序号	类别	危险化学品名称和说明	临界量（T）
9	易燃气体	丁二烯	5
10		二甲醚	50
11		甲烷，天然气	50
12		氯乙烯	50
13		氢	5
14		液化石油气（含丙烷、丁烷及其混合物）	50
15		一甲胺	5
16		乙炔	1
17		乙烯	50
18	毒性气体	氨	10
19		二氟化氧	1
20		二氧化氮	1
21		二氧化硫	20
22		氟	1
23		光气	0.3
24		环氧乙烷	10
25		甲醛（含量>90%）	5
26		磷化氢	1
27		硫化氢	5
28		氯化氢	20
29		氯	5
30		煤气（CO，CO 和 H_2、CH_4的混合物等）	20
31		砷化三氢（胂）	12
32		锑化氢	1
33		硒化氢	1
34		溴甲烷	10
35	易燃液体	苯	50
36		苯乙烯	500
37		丙酮	500
38		丙烯腈	50
39		二硫化碳	50
40		环己烷	500
41		环氧丙烷	10
42		甲苯	500
43		甲醇	500

续表

序号	类别	危险化学品名称和说明	临界量（T）
44	易燃液体	汽油	200
45		乙醇	500
46		乙醚	10
47		乙酸乙酯	500
48		正己烷	500
49	易于自燃的物质	黄磷	50
50		烷基铝	1
51		戊硼烷	1
52	遇水放出易燃气体的物质	电石	100
53		钾	1
54		钠	10
55	氧化性物质	发烟硫酸	100
56		过氧化钾	20
57		过氧化钠	20
58		氯酸钾	100
59		氯酸钠	100
60		硝酸（发红烟的）	20
61		硝酸（发红烟的除外，含硝酸>70%）	100
62		硝酸铵（含可燃物≤0.2%）	300
63		硝酸铵基化肥	1 000
64	有机过氧化物	过氧乙酸（含量≥60%）	10
65		过氧化甲乙酮（含量≥60%）	10
66	毒性物质	丙酮合氰化氢	20
67		丙烯醛	20
68		氟化氢	1
69		环氧氯丙烷（3－氯－1，2－环氧丙烷）	20
70		环氧溴丙烷（表溴醇）	20
71		甲苯二异氰酸酯	100
72		氯化硫	1
73		氰化氢	1
74		三氧化硫	75
75		烯丙胺	20
76		溴	20
77		乙撑亚胺	20
78		异氰酸甲酯	0.75

表 5—3　　未在表 5—2 中列举的危险化学品类别及其临界量

类别	危险性分类及说明	临界量（T）
爆炸品	1.1A 项爆炸品	1
	除 1.1A 项外的其他 1.1 项爆炸品	10
	除 1.1 项外的其他爆炸品	50
气体	易燃气体：危险性属于 2.1 项的气体	10
	氧化性气体：危险性属于 2.2 项非易燃无毒气体且次要危险性为 5 类的气体	200
	剧毒气体：危险性属于 2.3 项且急性毒性为类别 1 的毒性气体	5
	有毒气体：危险性属于 2.3 项的其他毒性气体	50
易燃液体	极易燃液体：沸点≤35℃且闪点＜0℃的液体；或保存温度一直在其沸点以上的易燃液体	10
	高度易燃液体：闪点＜23℃的液体（不包括极易燃液体）；液态退敏爆炸品	1 000
	易燃液体：23℃≤闪点＜61℃的液体	5 000
易燃固体	危险性属于 4.1 项且包装为Ⅰ类的物质	200
易于自燃的物质	危险性属于 4.2 项且包装为Ⅰ或Ⅱ类的物质	200
遇水放出易燃气体的物质	危险性属于 4.3 项且包装为Ⅰ或Ⅱ的物质	200
氧化性物质	危险性属于 5.1 项且包装为Ⅰ类的物质	50
	危险性属于 5.1 项且包装为Ⅱ或Ⅲ类的物质	200
有机过氧化物	危险性属于 5.2 项的物质	50
毒性物质	危险性属于 6.1 项且急性毒性为类别 1 的物质	50
	危险性属于 6.1 项且急性毒性为类别 2 的物质	500

注：以上危险化学品危险性类别及包装类别依据 GB 12268 确定，急性毒性类别依据 GB 20592 确定。

单元内存在危险化学品的数量等于或超过表 5—2、表 5—3 规定的临界量，即被定为重大危险源。单元内存在的危险化学品的数量根据处理危险化学品种类的多少区分为以下两种情况：

①单元内现有的任一种危险物品的量达到或超过其对应的临界量。

②单元内有多种危险物品且每一种物品的储存量均未达到或超过其对应临界量，但满足式 5—1，则定为重大危险源：

$$\frac{q_1}{Q_1}+\frac{q_2}{Q_2}+\cdots+\frac{q_n}{Q_n}\geqslant 1 \tag{5—1}$$

式中　q_1、q_2、…、q_n——每一种危险物品实际存在量，单位为吨（t）；

Q_1、Q_2、…、Q_n——对应危险物品的临界量，单位为吨（t）。

（2）最大量确定

当生产经营单位对单元内的危险物质辨识清楚以后，那么单元内危险物质的量也

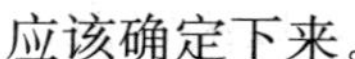

应该确定下来。

①对于存放危险物质储罐和其他容器的储存区重大危险源来说，危险物质的量应当是储罐或者其他容器的最大容积量。注意这个最大容积量不同于最大实际使用量，这一点生产经营单位必须在申报表格中进行详细的说明。

②对于存放危险物质储罐和其他容器的生产场所重大危险源来说，危险物质的量应当是目前储罐或者其他容器的实际存在最大量。

③对于危险物质的包装存储区来说，危险物质的量应当是目前实际存在的物质最大量。这些数据应当从每天、每季度或者自身规定的时间段内的登记情况来获取。注意这个量不同于储存区的最大容积量，这一点生产经营单位必须在申报表格中进行详细的说明。

④对于管道来说，危险物质的量应当是发生重大事故后，生产区域外管道所能泄漏出的物质最大量。

⑤如果单元内存在危险物质的数量低于相对应物质临界量的 2%，并且该物质放到单元内任何位置都不可能成为重大事故发生的诱导因素，那么就其本身而言，单元内应该不会发生重大事故，这时该危险物质的数量不计入辨识指标的计算中。但生产经营单位应当提供相应的文件说明，指出该物质的具体位置，证明其不会引发重大的事故。

（3）临界量确定

标准表 5—2 列举了许多危险物质的名称和临界量，标准表 5—3 列举了许多危险物质的危险性类别和临界量。以下几种方法适用于从标准表 5—2 和标准表 5—3 中确定危险物质相对应的临界量。

①危险物质属于标准表 5—2，同时也属于标准表 5—3 的一种物质类别，那么该物质应当使用标准表 1 中所对应的临界量。

②危险物质不属于标准表 5—2，但可以从标准表 5—3 中选取一种适合于该物质的危险性类别，那么该物质应当使用标准表 5—3 中所对应的危险性类别的临界量。

③标准表 5—3 有一种以上的描述适用于某种危险物质，那么应当使用最低临界量的那种物质危险性类别。

通常标准表 5—2 中危险物质的临界量是很容易查询、确定的，但是对于标准表 5—3 中危险物质危险性类别的界定，并确定其相对应的临界量是很困难的。此时生产经营单位可以参照《危险货物品名表》（GB 12268—2012）、《危险货物分类和品名编号》（GB 6944—2012）、《危险货物运输包装类别划分原则》（GB/T 15098—2008）和《水路危险货物运输规则》等法规标准对危险物质进行分类。

如果危险物质只是混合物中的一部分，那么确定该物质相对应的临界量就应当参照标准表 5—2 和标准表 5—3。如果危险物质找不到相对应的临界量，那么该物质就

不能包括在计算过程中。不过生产经营单位应当综合考虑混合物的特性，以决定该物质是否应当列入考虑的范围内。

（4）单元内危险辨识

单元内危险物质的辨识需要考虑以下三个方面：

①单元内从每次存放某种危险物质的时间计时起 2 日内。

②单元内每年存放某种危险物质的次数超过 10 次。

③单元内的危险物质是否在非正常作业条件下产生。

如果单元内储存着多种的危险物质，那么在辨识过程中生产经营单位应当首先考虑危险性最大的物质是否超出上述的定义范围，这样生产经营单位就可以基本辨识出单元内的危险物质。

【例 1】单一品种危险物质最大量的计算。

某生产经营单位使用液化石油气用于生产中的加热，单元里有储罐和用于生产加热的管道。液化气最大量的计算方法如下：

（1）对于生产性质的设备、管道来说，液化气的最大量：

生产场所中存在 6 套存放液化气的管道系统，每套系统的最大容量为 0.15 t，因此，管道系统存有液化石油气气体的总量为 6×0.15＝0.9 t。

（2）对于储存性质的储罐来说，液化气的最大量：

该生产经营单位共有 1 个储罐，每个储罐的最大容积为 60 t，因此储罐的最大总容积量为 1×60＝60 t。

（3）液化气的最大总量

液化气的最大总量为 60＋0.9＝60.9 t。

（4）结论

根据重大危险源辨识标准的规定，液化气临界量是 50 t，按照辨识标准的计算方法，AQR＝60.9/50＝1.22＞1，所以该生产经营单位存在重大危险源。

【例 2】危险物质混合物最大量的计算。

某生产经营单位在储罐、容器中存有不同浓度的甲醛溶液，甲醛最大量的计算方法如下所示：

（1）生产场所甲醛的最大量

在生产经营单位的生产场所中，生产设备存有 9.5 t 10％的甲醛溶液，管道系统存有 0.5 t 10％的甲醛溶液。那么生产场所存有的 10％甲醛溶液为 9.5＋0.5＝10 t，因此生产场所存有甲醛的总量为 0.1×10＝1 t。

（2）储存区甲醛的最大量

在生产经营单位的储存区内，储存设备存有 25 t 12％的甲醛溶液，因此储存区存有甲醛的总量为 0.12×25＝3 t。

（3）甲醛的最大总量

甲醛的最大总量为1+3=4 t。

（4）结论

根据重大危险源辨识标准的规定，甲醛的临界量是50 t，按照辨识标准的计算方法，AQR=4/50=0.08<1，所以该生产经营单位不是重大危险源。

【例3】多品种危险物质辨识指标（AQR）计算。

方法一：

（1）某生产经营单位存有10 t硫化氢、2 t氯气、0.5 t光气，而硫化氢、氯气、光气相对应的临界量分别为20 t、10 t、0.8 t。根据重大危险源辨识标准的规定，辨识指标计算过程见表5—4。

表5—4　辨识指标计算过程

危险物质	最大数量（t）	相对应的临界量（t）	辨识指标AQR（最大数量/临界量）
硫化氢	10	20	0.5
氯气	2	10	0.2
光气	0.5	1	0.5
合计	—	—	1.2

（2）结论

根据以上计算结果，辨识指标AQR>1.0，所以该生产经营单位存在重大危险源。

方法二：

某生产经营单位使用51%的氨水溶液来配置5%的氨水溶液，该单位又使用液化石油气用于生产加热。

（1）生产场所氨的最大量计算

在该生产经营单位的生产场所中，生产设备存有20 t 51%的氨水溶液，管道系统存有0.4 t 51%的氨水溶液。因此，生产设备存有的氨水溶液的总量为20.4 t，存有氨的最大量为20.4×0.51=10.4 t。

（2）储存区氨的最大量计算

在该生产经营单位的储存区内，储罐存有24 t 51%的氨水溶液，容器存有10 t的无水液氨。因此，储存区存有氨的最大量为10+（0.51×24）=22.2 t。

该单位虽然还存有20 t 5%的氨水溶液，其他容器也存有30 t 5%的氨水溶液，但由于这些氨水的浓度低于重大危险源辨识标准中规定的50%，所以这些物质不纳入辨识标准的计算中。

（3）氨的最大总量

该生产经营单位存有氨的总量为10.4+22.2=32.6 t。

（4）液化气的最大量

该生产经营单位储罐存有液化气的总量为 20 t。

（5）结论

根据以上计算结果，辨识指标 AQR>1，所以该生产经营单位存在重大危险源。

辨识指标计算过程见表 5—5。

表 5—5　　辨识指标计算过程

危险物质	最大数量（t）	相对应的临界量（t）	辨识指标 AQR（最大数量/临界量）
氨	32.6	50	0.66
液化气	20	50	0.40
合计	52.6	—	1.06

第三节　事故隐患排查

一、隐患排查程序

1. 事故隐患范围

事故隐患范围主要包括：①危及安全经营的不安全因素；②导致事故发生或扩大的设施、安全设施隐患；③可能造成职业病、职业中毒的劳动环境。

2. 事故隐患排查

单位主要负责人对本单位事故隐患排查治理工作全面负责。各部门要对本部门的各类事故隐患组织定期、不定期的排查，掌握隐患的存在、分布情况，分析产生隐患的原因。

1）日常安全隐患检查：以查违章、查隐患、查管理为主要内容。

2）季节性安全隐患检查：由安全管理部门组织技术人员、安全员进行检查。

春季安全检查，以防雷、防跑冒滴漏及防火为重点检查内容。

夏季安全检查，以防汛、防暑、防人身伤害为重点检查内容。

秋季安全检查，以防火为重点检查内容。

冬季安全检查，以防火、防冻为重点检查内容。

3）专业性安全隐患检查：

检查防火、防爆、用火管理及消防设施。

检查安全设施、人身安全、劳动保护器具、通风、噪声等。

检查防爆、防触电、防雷接地等。

检查特殊工种及用具等。

检查设备、仪表、安全联锁、报警仪器、安全状况等。

检查运输车辆等安全状况。

检查环境卫生等。

专业性安全隐患检查由安全管理部门组织公司主要领导进行联合大检查，每月检查一次。

4）节假日安全隐患检查：

重要节假日（如元旦、春节、五一、十一等）前，为保证节假日期间的安全生产，应进行安全隐患检查。

节假日安全隐患检查由安全管理部门组织人员进行自查并做好记录。

节日前需认真检查下列情况：

①易燃易爆物品的存放和普通物品存放保管情况；

②假日生产安全措施的安排落实情况；

③劳动纪律、操作规程的执行以及节前安全教育情况；

④各类设备的安全运行以及隐患整改情况；

⑤节假日值班人员的落实情况。

5）不定期安全隐患检查：

临时性专业检查及生产出现问题必须进行安全隐患检查。

3. 事故隐患的整改

（1）事故隐患报告

每天工作人员交接班例行检查中，发现事故隐患立即向上级汇报；当班人员在工作当中发现事故隐患的，立即向上级汇报，需要紧急处理的，应根据情况处理；各部门负责人接到汇报后，应根据本部门的工作职责进行处理，需要其他部门配合的要向总经理汇报处理；各部门负责人将每天的事故隐患处理情况向总经理汇报；对于查出的重大事故隐患，部门负责人接到员工报告后，立即向总经理汇报处理，总经理要及时向安全监管监察部门和有关部门报告。重大事故隐患报告内容应当包括：

①隐患的现状及其产生原因；

②隐患的危害程度和整改难易程度分析；

③隐患的治理方案。

（2）对查出的隐患应逐项研究制定整改方案

对于查出的一般事故隐患，由单位（车间、工段、班组）负责人或者有关人员立即组织整改，由部门负责人督促检查整改情况，确保整改落实到位。

对于重大事故隐患，由生产部门主要负责人组织制定并实施事故隐患治理方案。重大事故隐患治理方案应当包括以下内容：

①治理的目标和任务；

②采取的方法和措施；

③经费和物资的落实；

④负责治理的机构和人员；

⑤治理的时限和要求；

⑥安全措施和应急预案。

（3）隐患登记落实

对检查出的隐患进行登记，落实整改措施，做到“三定”（即定措施、定负责人、定完成日期）、“两不交”（即班组能整改的不交到部门、部门能整改的不交到公司）。检查出的隐患必须及时整改。如限于物质或技术条件暂不能解决的，必须采取并落实风险削减措施，然后制订出计划，按期解决。部门无力解决的，及时向公司主管部门写书面报告，申请安排解决。

凡查出的重大隐患，在未彻底整改前，各有关部门应采取有效的风险削减措施并由安全管理部门监督执行。暂时不能整改的项目，除采取防范、监控措施，确保过渡期内的安全外，还应分别列入技术措施、安全措施和检修计划限期解决。

凡不按规定及时落实隐患整改任务的，酿成不良后果的，根据有关法律法规的要求，积极配合上级主管部门对其处罚和处理，直至追究法律责任。

4. 资料的收集与整理

各类隐患安全检查，必须认真做好记录。

由安全主任分别向各主管部门收集应该归档的原始资料。各主管部门负责人应积极配合与支持。

二、煤矿安全隐患排查

1. 安全管理方面

（1）矿井证照是否齐全有效。

（2）是否按规定建立安全生产管理机构、应急救援队伍，或与救护队签订救援服务协议、配备应急救援装（设）备，预案管理、演练、应急培训是否符合要求等。

（3）安全费用提取和使用制度建设情况，安全投入用于隐患治理情况，是否制定安全费用计划并纳入全面预算，是否按原煤产量及时、准确地从成本中按月提取安全费用，是否专户存储、专款专用，是否按规定范围使用安全费用等情况。

（4）是否按规定进行全员培训教育，煤矿矿长及企业负责人、安全管理人员、特种作业人员是否按规定持证上岗，是否依法签订煤矿劳动用工合同。

（5）隐患排查治理制度是否完善并严格落实，对排查出的隐患是否按照等级进行

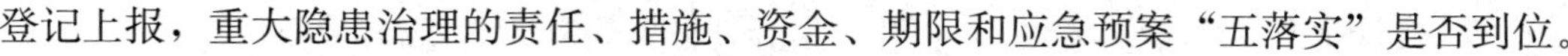

登记上报，重大隐患治理的责任、措施、资金、期限和应急预案“五落实”是否到位。

2. 一通三防、爆破专业

（1）通风系统是否可靠，重点检查通风设施设备是否完善，是否存在无风、微风、循环风作业问题，采区专用回风巷是否符合要求等。

（2）瓦斯治理是否到位，重点检查是否存在瓦斯超限作业问题，瓦斯超限是否查明原因，抽采是否达标，瓦斯监控系统是否正常运转等。

（3）煤尘注水措施是否落实到位，洒水降尘设施安设及使用是否符合要求，隔爆水棚安设及维护是否符合要求，压风自救、隔离式自救器等装置配备、使用是否符合要求。

（4）爆破材料、器具是否满足突出矿井要求，是否按规定进行储存、发放、运输，爆破作业过程中是否严格落实“一炮三检”制和“三人连锁放炮”制。

3. 地测防治水专业

（1）防治水制度及机构人员配备是否齐全，探放水是否落实“三专”制度，是否制定水害应急救援预案并组织演练。

（2）是否落实探放水规定、煤矿防治水规定，重点检查是否开采防隔水煤柱，是否查明老窑水、采空区积水及承压水导水通道，排水系统是否完善等。

（3）各采掘工作面、主要排水泵房排水设施安设是否符合要求，底板注浆措施是否落实到位。

4. 顶板管理专业

（1）采掘工作面数量、开采顺序以及采煤方法工艺、支护方式是否符合规定，是否存在超强度、超能力、超定员生产、超层越界开采等行为。

（2）采掘工作面现场支护形式与规程、措施要求是否一致，支护质量是否达到要求，遇到应力集中区、顶板松软或破碎、过断层、过老空、过煤柱或冒顶区以及托伪顶开采是否有专项安全技术措施，安全技术措施是否落实到位。

5. 机电、运输专业

（1）设备、器材、仪器、仪表、防护用品是否符合国家安全标准或者行业安全标准并完善可靠，矿井供电是否安全可靠，提升运输设备的使用、维护、检修和报废是否符合国家或行业标准，是否按规定淘汰国家明令禁止使用的设备。

（2）局部通风管理是否符合规定，是否严格执行“三专两闭锁”和“双风机、双电源”且自动切换的规定。

（3）各采掘头面、采区轨道、回风巷机电设备防爆性能是否稳定可靠，各采掘头面、矿井及采区主要排水泵房排水设施是否完好，供电系统是否稳定可靠。

（4）斜巷运输各项安全保护设施是否安全可靠，是否严格做到“行车不行人”。

6. 建设项目

（1）建设项目手续是否齐全，是否存在不按设计施工等问题。

（2）建设、设计、施工、监理单位资质是否符合要求，安全责任是否落实，是否存在违法违规转包分包、以包代管等问题。

（3）是否存在边建设边生产、未经验收组织生产、在改扩建区域组织生产等问题。

三、建筑安全隐患排查

1. 安全管理方面

（1）施工方案。检查要求编制有针对性的基础施工方案（含支护方案），施工企业技术部门和监理应审查签字，并检查督促落实。

（2）安全操作规程。项目部制定各工种或各分部（项）工程安全技术操作规程；操作规程在作业部位进行悬挂。

（3）安全检查。制定定期安全检查制度；按定期安全检查制度的时间和内容进行安全检查并进行记录；对检查出的隐患制定措施，定人定时进行有效整改，并记录。

（4）安全教育。建立三级安全教育卡，并按现场人员名册填写；经常性安全教育情况；各工种及变换工种的安全操作技能等安全教育情况。

（5）持证上岗。特种作业人员名册及与之对应的上岗证复印件，特种作业人员无过期情况。其他操作工由企业培训发证上岗并建立档案。

2. 落地及悬挑脚手架

（1）施工地场。要求围挡材料选用坚固、稳定、美观；围挡必须连续设置。围挡边不得堆放重压物。施工地场有排水措施，现场无明显积水；工程施工的废水，经沉淀处理后排放；有材料堆放平面布置图，并按图堆放；作业区及建筑物楼层内建筑垃圾及时清理；易燃易爆物品存放符合规定。

（2）立杆基础。立杆基础平整、坚实，强度符合计算要求；立杆设置底座；按规定设置扫地杆；有排水措施。

（3）悬挑梁设置。悬挑梁与建筑物固定可靠，符合计算要求；悬挑梁上斜拉钢丝绳与建筑物及悬挑梁固定可靠；悬挑梁规格、尺寸符合方案要求。

（4）连墙件。高度大于 24 m 的脚手架必须采用刚性连墙件，连墙件布置数量符合规范要求，连墙件拉结坚固。

（5）杆件间距。立杆、大横杆、小横杆等杆件的间距符合规范要求，建筑物单元门及其他门洞口位置采取加固措施。

（6）剪刀撑。剪刀撑与地面夹角在 45°～60°跨越立杆 5～7 根；斜杆接长，搭接长度大于 1 m，设置 3 个旋转扣件；剪刀撑设置落地到顶。

（7）脚手板。作业层上按脚手架的宽度满铺脚手板；脚手板的一端探头长度不超过 150 mm，并且板两端应与支撑杆固定牢固；装修脚手架作业层上纵向脚手板的铺设不得少于 2 块；当长度小于 2 m 的脚手板铺设时，可采用两根横向水平杆支承，但必须将脚手板两端用镀锌钢丝与支承杆可靠捆牢；竹笆板无腐朽。

（8）防护栏杆。施工层设 1.2 m 高的防护栏杆，并设 18 cm 高的挡脚板；脚手架外侧设密目式安全网。

（9）小横杆。小横杆设置数量、位置符合要求。

（10）杆件搭接。钢管脚手架立杆和大横杆的接长应采用对接的方法；立杆接长应交错排列，不得在同一平面内。

（11）架体内封闭脚手架与建筑物空隙采取相应的防护措施。

（12）脚手架材质有能证明脚手架材质合格的材料。

（13）通道。脚手架上设有通道，通道的宽度和坡度符合要求，通道上设防滑条，设置防护栏杆和挡脚板。

（14）交底与验收。脚手架搭设前进行安全技术交底，搭设过程和完毕进行分段验收和验收，扣件拧紧力矩不小于 40 N·m，有交底和验收记录。

3. 基坑支护

（1）施工方案。有基坑支护专项施工方案；履行编制、审核、批准程序，经总监理工程师签字认可；坑深度超过 5 m，进行专家论证。检查要求严格贯彻、执行相关规范、文件，应彻底消除安全隐患，保证安全。

（2）临边防护。基坑深度超过 2 m，有防护措施。

（3）排水措施。基坑有有效的排水措施。

（4）上下通道。人员上下搭设有专用通道。

（5）土方开挖。土方开挖机械进场有验收合格手续，挖掘机械与作业人员保持安全距离，挖掘机械操作人员持证上岗。

（6）坑边荷载。积土、料具堆放满足安全距离的要求，施工机械和载重车辆与基坑满足安全距离要求。

（7）作业环境。基坑内作业人员有安全可靠的立足点，垂直交叉作业有安全防护措施；有安全足够的照明设施。

4. 模板工程

（1）施工方案。要求编制专项施工方案（含支撑体系设计、计算），施工企业技术负责人和总监应审查签字批复；履行编制、审核、批准程序，经总监理工程师签字认可。对高大模板工程（水平混凝土构件模板支撑系统高度超过 8 m，或跨度超过 18 m，施工总荷载超过 10 kN/m^2，或集中荷载大于 15 kN/m^2 的模板支撑系统），进行专家论证。

（2）立柱稳定。支模材料有相关质量合格证明和现场验收手续，立柱间距符合设计要求，立柱底部垫板符合要求，按要求设置剪刀撑和水平支撑。

（3）施工荷载。模板上堆料均匀，施工荷载不超过设计要求。

（4）模板验收。搭设和拆除模板前进行安全技术交底，搭设完毕进行验收，并有书面验收记录，模板拆除前履行拆模的审批手续。

（5）支拆模板。2 m 以上高处作业支、拆模板有相应防护措施，拆除模板时设置警戒区域和监护人，无悬空模板。

（6）模板存放。模板存放高度及与墙面距离应满足要求，大模板有防倾倒的措施。

（7）作业环境。作业面及孔洞有临边防护措施，垂直交叉作业有防护隔离措施。

5. 施工机具

（1）圆盘锯。有安装验收合格手续，有安全防护装置，有保护接零和漏电保护器。

（2）平刨。有验收合格手续，有保护接零和漏电保护，传动部位有防护装置。

（3）钢筋机械。有验收合格手续，有保护接零和漏电保护，传动部位有防护装置。

（4）电焊机。有验收合格手续，焊接线绝缘良好，有保护接零和漏电保护器及防护罩。

（5）手持电动工具。电源线无接长现象，Ⅰ类手持电动工具有接零保护，转动部件防护装置齐全。

（6）搅拌机。搅拌机固定可靠，有安装验收手续，钢丝绳满足要求，保险挂钩完好，有保护接零和漏电保护，转动部件和传动部位防护装置齐全。

（7）气瓶。气瓶使用符合安全距离要求，气瓶存放符合要求，有防震圈、防护帽。

（8）潜水泵。有保护接零和漏电保护器，电缆线无破损、老化现象。

6. 塔式起重机

（1）安装方案。有塔机安装专项施工方案，并履行编制、审核、批准程序。

（2）安装技术交底。在安装前进行安全技术交底，并有相关记录。

（3）安装验收记录。履行安装验收程序，并有相关记录。

（4）机械检测。经过机械检测合格，并取得检测合格证书和检测合格报告。

（5）使用登记。办理起重机械登记手续，并取得登记证书。

（6）持证上岗。塔机操作人员和指挥持证上岗，有相应特种证且未过期。

（7）电气安全。塔机与架空线满足安全距离的要求，塔机电箱及配电装置符合要求。

（8）附墙装置。附墙装置安装高度不超过说明书要求范围，有垂直度测试记录。

（9）多塔作业。多塔作业有防碰撞措施。

（10）基础。塔机基础无积水。

7. 三安、四口

（1）安全帽。安全帽符合国家有关标准规定要求，现场人员按规定佩戴安全帽。

（2）安全网。安全网的规格、材质符合国家标准有关规定的要求，在建工程项目外侧用密目式安全网进行封闭。

（3）安全带。安全带符合国家标准有关规定的要求，高处作业人员佩戴安全带作业。

（4）楼梯口、电梯井口。防护措施形成定型化、工具化，电梯井内每隔两层（不大于 10 m）设置一道水平防护，电梯井口设置安全防护门。

（5）预留洞口、坑井防护。对洞口（水平孔洞短边尺寸大于 25 cm，竖向孔洞高度大于 75 cm）应采取防护措施，防护措施形成定型化、工具化，防护措施严密、坚固、稳定，并标有警示标志。

（6）通道口防护。通道口应搭设防护棚，用竹笆做防护棚材料时应采用双层防护棚。

（7）阳台、楼板、屋面等防护。阳台、楼板、屋面无防护设施或设施高度低于 80 cm 时应设防护栏杆，防护栏杆上杆高度为 1.0～1.2 m、下杆高度为 0.5～0.6 m、横杆长度大于 2 m 时应设栏杆柱。

8. 施工现场临时用电

（1）外电防护。建筑物与外电距离小于安全距离时采取外电防护措施。要求封闭严密，防护脚手架搭设规范。

（2）总配电箱（房）。有专用变压器的现场采用 TN－S 系统配电，无专用变压器的现场采用 TN－C－S 系统配电，总配电箱（房）有总漏电保护装置，总配电箱（房）的动力和照明分设线路引出。

（3）保护接零。有专用保护零线，现场设置重复接地。

（4）分配电箱。分配电箱位置设置合理，无一闸多用现象，有多路配电标记，有门锁和防雨措施。

（5）开关箱。漏电保护器选型恰当，并动作灵敏，开关箱设置位置合理，有门锁和防雨措施。

（6）现场照明。照明专用回路有漏电保护器，灯具金属外壳做接零保护，室内线路及灯具高度低于 2.4 m 时使用安全电压供电，潮湿场所使用 36 V 以下电压供电，照明线路与动力线路分设。

（7）配电线路。架空线路符合要求，埋地线路引出部位符合要求，有接地做法的验收记录，电缆线无破损、老化现象。

（8）用电档案。有临时用电专项施工方案，有接地电阻测试记录，有电工巡视检查维修记录，有施工用电专项检查记录，有施工用电验收记录。

四、危化安全隐患排查

1. 厂区选址和布局

(1) 危险化学品生产装置和储存危险化学品数量构成重大危险源的储存设施与周边公共、民用设施和区域安全间距是否符合《危险化学品安全管理条例》第十条的规定。

(2) 危险化学品生产装置和储存设施的周边防护距离是否符合有关法律、法规、规章和标准的规定。

(3) 危险化学品生产、储存企业是否持有县以上人民政府规划部门的规划证明文件。

(4) 生产、储存危险化学品的车间、仓库是否与员工宿舍在同一座建筑物内，且与员工宿舍是否保持符合规定的安全距离。

(5) 厂区布局是否经有资质单位规范设计，或是否经设计单位或安评机构认可。

2. 安全管理与安全教育培训

(1) 生产企业取得安全生产许可证情况以及审查时不符合项的整改情况，取证企业是否存在超许可范围生产经营活动情况。

(2) 新建项目的立项审批、安全设施设计审查情况，设计、施工、监理单位的资质符合性，项目的试生产方案备案和安全措施的制定落实情况、竣工验收情况。

(3) 动火作业、受限空间作业、破土作业、临时用电作业、高处作业是否建立安全制度和履行严格的审批手续。

(4) 安全生产责任制的建立和完善情况，是否与岗位职责相匹配，安全生产规章制度以及岗位职责、工艺流程、危险及有害因素、工艺技术指标和操作规程、工艺技术管理、巡回检查制度执行情况。

(5) 是否根据危险化学品的生产工艺、技术、设备特点和原材料、辅助材料、产品的危险性编制岗位操作安全规程（安全操作法）和制定符合有关标准规定的作业安全规程。

(6) 生产组织是否有序，现场环境是否良好，生产场所物料堆放是否规范，消防通道是否畅通。

(7) 是否建立年度安全投入计划，建立安全费用管理制度，安全投入是否符合安全生产要求，是否依法为从业人员缴纳保险费。

(8) 是否设置安全生产管理机构和配备专职安全生产管理人员。

(9) 主要负责人、安全生产管理人员的安全生产知识和管理能力是否经考核合格。

(10) 特种作业人员是否经有关业务主管部门考核合格，取得特种作业操作资格证书。

（11）从业人员是否按照国家有关规定，经安全教育和培训并考核合格，并建立相应台账。

（12）化工岗位操作人员是否定期培训和安全教育，是否做到持证上岗。

（13）外单位人员在厂内施工或进行其他活动是否开展入厂前安全教育，或签订安全协议。

（14）自查自纠期间，是否组织岗位操作人员进行安全培训教育，举行全员反“三违”宣传活动。

（15）作业人员是否存在违章作业和违反劳动纪律等情况，对违章作业和违反劳动纪律等“三违”相关人员是否及时作出处理，是否建立台账和有记录。

（16）是否定期组织全面安全检查和专项安全检查，班组日常安全检查是否正常开展，是否建立安全检查台账，存在问题是否落实整改。

3. 危险化学品生产和使用环节

（1）设备维护保养管理制度制定和执行情况，主要设备、重要机组、高温油泵以及压力容器、压力管道等设备设施的定期检测和检维修情况，仪表连锁管理制度的制定和执行情况，仪表完好和联锁自动保护仪表投用情况，重大危险源自动监控系统的完善和投用情况，可燃气体泄漏检测报警仪表的投用、完好以及定期检验情况，特种设备、安全附件的定期检验情况。

（2）是否采用和使用国家明令淘汰、禁止使用的工艺、设备，压力容器、压力管道以及其他特种设备是否经有资质单位检测检验合格，并在有效期内，是否建立生产设备设施管理台账、记录，是否按管理制度定期检查维修，并建立档案。

（3）在易燃易爆、有毒有害场所的适当场所是否悬挂、张贴安全警示标志和安全标签或安全周知卡，检修、施工、吊装、装卸、罐装等作业场所是否设置警戒区域和警示标志。

（4）检维修作业中，动火、进入受限空间、破土、起重、高处、临时用电等作业安全管理制度执行情况，在生产和施工作业中“四防”（即防火、防爆、防中毒、防跑料串料）安全管理制度建立健全和执行情况。

（5）生产装置正常开停车和紧急停车安全规程的建立与执行情况，开车前和停车后确认制度的建立与执行情况。

（6）防雷电、防汛、防台风、防建筑物倒塌等管理制度和措施落实情况，消防设施、防雷、防静电措施落实情况，领导干部现场带班制度的制定和落实情况。

（7）涉及重点危险化工工艺的生产装置自动化改造情况。

（8）是否落实危险化学品事故状态下的“清净下水”工作，落实环境应急处理设施及预防措施。

(9) 企业应急救援队伍建立情况，应急预案的适用性、可操作性以及演练情况，应急器材配备情况，与当地大型企业、地方政府应急救援合作关系情况，定期开展应急救援演练情况，有否记录。

(10) 是否按照国家有关标准辨识、确定本企业的重大危险源，对已确定的重大危险源有无符合国家有关法律、法规、规章和标准规定的检测、评估和监控措施，是否定期检测、检查和建立重大危险源检测、检查档案，重大危险源场所“二牌一箱”制度执行情况。

4. 危险化学品储存环节

(1) 安全监控仪表完善、完好和投用情况，特别是高、低液位报警联锁仪表的完好和投用情况，罐体定期检查制度执行情况。

(2) 液体储罐防超温超压、防串料跑料、防雷、防汛、防倒塌措施的落实情况。

(3) 仪表、安全附件检验情况，是否存在超储现象。

(4) 安全生产责任制、安全生产管理制度、安全操作规程建立和执行情况。

(5) 危险化学品储存企业的外部安全距离。

(6) 消防设施、应急器材的配备和管理情况，应急救援预案的编制和演练情况。

5. 危险化学品运输环节

(1) 危险化学品道路运输企业运输资质。

(2) 驾驶人员和押运人员上岗资格证。

(3) 运输车辆、槽车罐体、配载容器和安全附件检测检验合格证明。

(4) 车辆二级维护制度和定期检验制度落实情况。

(5) 应急处置器材、防护用品、安全监控车载终端（GPS和行驶记录仪)、标志灯、安全标示牌、运输通行证配备情况。

(6) 运输车辆是否在规定的有效期内，按照指定的路线、时间和速度行驶，运输车辆途中需要停车住宿或者无法正常行驶时，驾驶人、押运人员是否及时向当地公安部门报告。

(7) 防止客运车辆夹带危险化学品的措施落实情况。

(8) 各类危险化学品输送管道设施的分布走向、物料名称、权属单位、安全管理和主管部门。

(9) 危险化学品管道上方违章占压、防护距离不够、标志缺损、安全管理责任制不落实，以及各类管道管线交叉铺设等突出问题。

(10) 权属单位危险化学品输送管道安全管理规定的建立、完善及落实情况。

6. 危险化学品经营环节

(1) 危险化学品经营许可证、液化气体充装单位安全生产（充装）许可证及许可经营范围；设计、施工单位的资质符合性；“一书一签”（即化学品安全技术说明书、化学品安全标签）制度、安全管理规章制度、检维修安全管理制度和岗位安全操作规程的编制及落实情况；严禁超量装载规定的落实情况；充装车辆资质、安全状况查验制度建立和执行情况；应急救援预案编制及演练情况；特种作业人员、安全管理人员持证上岗情况。

（2）查验、登记剧毒化学品购买凭证、剧毒化学品准购证、剧毒化学品公路运输通行证、运输车辆安装的安全标示牌、危险化学品信息联络卡、槽车罐体惰性气体置换合格证明文件情况。

（3）埋地油罐、充装车辆、气瓶等的设备、仪表、安全附件、报警系统检验情况，防渗漏、防上浮、防雷、防静电措施落实情况，装卸软管水压试验情况，液化气体充装站防超装措施落实情况；毒介质洗消装置配备情况；防毒面具、空气呼吸器和防化服的配备和使用情况；万向节管道充装系统在液化气体充装环节的落实情况；站内外安全距离。

例题：某年1月24日10：00左右，在某路段发生特大汽车追尾事故，造成5人死亡、5人受伤，其中一辆运输车上装载的有毒化工原料泄漏。事故发生在某高速公路自北向南方向路段距某市14 km处，4辆汽车相撞。其中一辆面包车上3人当场死亡；一辆运输车被撞坏，车上2人死亡、1人受伤，车上装载的15 t四氯化钛开始部分泄漏。四氯化钛是一种有毒化工原料，有刺激性，挥发快，对皮肤、眼睛会造成损伤，大量吸入可致人死亡。事故现场恰逢小雨，此物质遇水后起化学反应，产生大量有毒气体。某市、某县有关领导闻讯后立即赶赴现场，组织公安、消防人员及附近群众200余人，对泄漏物质紧急采取以土掩埋等处置措施。

1. 简述对危险化学品运输车辆的安全隐患排查应从哪些方面进行。

2. 简述对危险化学品公路运输的安全隐患排查应从哪些方面进行。

参考答案：

1. 对危险化学品运输车辆的安全隐患排查应从下列方面进行：

（1）用于危险化学品运输的车辆应符合要求，禁止使用电瓶车、翻斗车、铲车、自行车等运输爆炸物品，禁止用叉车、铲车、翻斗车等运输易燃、易爆液化气体等危险化学品。

（2）根据危险化学品特性，在车辆上配置相应的安全防护器材、消防器材等。

（3）运输易燃、易爆物品的车辆，其排气管应装阻火器。

（4）车厢应有防止摩擦起火的措施。

（5）槽、罐应具有足够的强度和齐全的安全设施及附件。

（6）运输车辆应有防止电火花和导除静电设施。

（7）运输车辆应按规定设置危险物品标志。

（8）车辆的技术状况必须处于良好状态。

2. 对危险化学品公路运输的安全隐患排查应从下列十方面进行：

(1) 危险化学品运输单位应有相应的资质。

(2) 运输工具、车辆必须符合要求，并设置明显的标志。

(3) 托运剧毒化学品应向公安部门申办剧毒化学品公路运输通行证。

(4) 驾驶员、装卸员、押运员等应经过相应培训，持证上岗。

(5) 必须配备押运人员，运输车辆随时处于押运人员的监管下。

(6) 不得超装、超载。

(7) 必须配备必要的应急处理器材和防护用品，有关人员须了解所承运的化学危险品的特性及应急措施。

(8) 按规定时间、路线行驶。

(9) 严禁超速行驶，与其他车辆保持足够的安全距离。

(10) 中途停车住宿或无法正常运输，应向当地公安部门报告，剧毒化学品运输途中出现意外，应立即向公安部门报告，并采取一切可能的警示措施。

复习思考题

1. 矿山行业、建筑行业、危化行业危险有害因素辨识和事故隐患排查有何区别和联系？

2. 某热电联产装置，生产区无危险化学品，储罐区共两个液氨储罐，每罐标准体积 28 m^3，液氨储罐的充装系数按 0.52 t/m^3 进行估算；该装置不存在长输管道、公用管道，无极度、高度、液化气体介质，工业管道输送可燃气体且公称直径 80 mm，设计压力为 2 MPa，该工程 1＃、2＃、3＃、4＃锅炉额定蒸气压力大于 2.5 MPa，且额定蒸发量为 15 t/h；该装置压力容器为一、二类压力容器；辅助燃料为石化厂生产废气，管内压力为 0.08 MPa。试对该热电联产装置的重大危险源进行辨识。

实训五

一、实训目标

1. 了解危险、有害因素包括的内容。

2. 掌握重大危险源的分类及辨识方法。

3. 结合工程实际，会对生产场所进行安全隐患排查。

二、任务描述

以本地某工程装置区或锅炉房为例，实地考察，分析该地存在的危险、有害因素，以及可能构成重大危险源的物质和设施，并计算其临界量，并与《关于开展重大危险源监督管理工作的指导意见》（安监管协调字〔2004〕56号）、《危险化学品重大危险源辨识》（GB 18218—2009）等标准对比，分析该地的重大危险源管理情况，并进行安全隐患排查。

三、知识要点

1. 危险、有害因素分类
2. 重大危险源的辨识
3. 安全隐患
4. 隐患排查

第六章

事故调查与现场勘查

本章学习目标

1. 了解事故调查前的准备工作，重点掌握不同级别的事故的调查组织、事故调查组的职责与分工。

2. 了解常用的事故调查技术方法，能熟练应用事故树分析法和故障类型及影响分析方法等进行事故分析。

3. 了解事故现场勘查工作，会运用正确的方法和顺序完成现场处理、物证收集等工作。

第一节　事故调查前的准备

一、组建事故调查组

生产安全事故调查的一般工作程序包括成立事故调查组、勘查事故现场、询问相关人员、开展技术鉴定、进行事故分析、提出防范措施、编制调查报告、资料归档等。接到事故报告后，相应部门依据事故级别及影响成立事故调查组。

1. 事故调查组的组建

特别重大事故由国务院或者国务院授权有关部门组织事故调查组进行调查。重大事故、较大事故、一般事故分别由事故发生地省级人民政府、设区的市级人民政府、县级人民政府负责调查。省级人民政府、设区的市级人民政府、县级人民政府可以直接组织事故调查组进行调查，也可以授权或者委托有关部门组织事故调查组进行调查。未造成人员伤亡的一般事故，县级人民政府也可以委托事故发生单位组织事故调查组进行调查。事故调查权的确定见表 6—1。

事故调查组的组成应当遵循精简、效能的原则。根据事故的具体情况，事故调查

表 6—1　　事故调查权的确定

事故等级	调查组织		备注
特别重大事故	国务院	或同级人民政府有关部门	1. 有关部门或事故发生单位应经同级政府授权或委托 2. 按照属地原则，事故调查组织由事故发生地负责 3. 未造成人员伤亡的一般事故，县级人民政府也可以委托事故发生单位组织事故调查组进行调查
重大事故	省级人民政府		
较大事故	设区的市级人民政府		
一般事故	县级人民政府		

组由有关人民政府、安全生产监督管理部门、负有安全生产监督管理职责的有关部门、监察机关、公安机关以及工会派人组成，并应当邀请人民检察院派人参加。事故调查组成员应当具有事故调查所需要的知识和专长，并与所调查的事故没有直接利害关系，事故调查组可以聘请有关专家参与调查。

2. 事故调查组的职责与分工

事故调查组组长由负责事故调查的人民政府指定。事故调查组组长主持事故调查组的工作。事故调查组成员在事故调查工作中应当诚信公正、恪尽职守，遵守事故调查组的纪律，保守事故调查的秘密。未经事故调查组组长允许，事故调查组成员不得擅自发布有关事故的信息。

事故调查组赶赴事故现场前，应根据了解的事故初步信息，明确调查组人员、职责及分工。事故调查组有权向有关单位和个人了解与事故有关的情况，并要求其提供相关文件、资料，有关单位和个人不得拒绝。事故发生单位的负责人和有关人员在事故调查期间不得擅离职守，并应当随时接受事故调查组的询问，如实提供有关情况。事故调查中发现涉嫌犯罪的，事故调查组应当及时将有关材料或者其复印件移交司法机关处理。事故调查组履行职责具体如下：

（1）查明事故发生的经过、原因、人员伤亡情况及直接经济损失。

（2）认定事故的性质和事故责任。

（3）提出对事故责任者的处理建议。

（4）总结事故教训，提出防范和整改措施。

（5）提交事故调查报告。

例题：按照《事故报告和调查处理条例》，下列不属于事故调查组的职责范围的是（　　）。

A. 查明事故原因和性质

B. 组织进行善后处理

C. 确定事故责任，提出对责任者的处理建议

D. 提出防止事故的措施建议

正确答案：B

答案解析：组织进行善后处理不属于事故调查组的职责范围。

二、事故调查的物质准备

事故调查的物质准备包括收集事故调查所涉及的法规、标准和技术规范等有关资料，准备事故调查所需的工器具。专业调查人员的通用调查工具包括：

（1）数码相机：用于现场照相取证。

（2）录音笔：与目击证人等交谈或记录调查过程。

（3）绘图纸：绘制现场地形图等。

（4）标签：采样时标记采样地点及物品。

（5）纸、笔、夹：记录、笔录。

（6）手套：收集样品。

第二节　事故调查技术方法

一、事故树分析方法

1. 事故树分析法

事故树分析法也称故障树分析方法（Fault Tree Analysis，FTA），是对既定的生产系统或作业活动中可能出现的事故条件及可能导致的灾害后果，按工艺流程、先后次序和因果关系绘制程序方框图，表示导致灾害、伤害事故的各种因素之间的逻辑关系。它由输入符号或关系符号组成，用以分析系统的安全问题或系统的运行功能问题，为判明灾害、伤害的途径及事故因素之间的关系，以及为事故分析提供了一种最形象、最简洁的表达形式。

该方法的优点是可以快速、形象、简明地分析工程技术系统各因素的相互关系，缺点是对人因系统分析不理想。

2. 事故树分析的基本程序

事故树分析过程大致可分为 9 个步骤：熟悉系统—调查事故—确定顶上事件—确定目标—调查原因事件—编制故障树—定性分析—定量分析—安全评价。第 1～5 步是分析的准备阶段，也是分析的基础，属于传统安全管理；第 6 步是作图，是分析正确与否的关键；第 7 步是定性分析，是分析的核心；第 8 步是定量分析，是分析的方向，即用数据表示安全与否；第 9 步是安全性评价，是目的。事故树用于事故调查一般只需要第 1～7 步。

3. 某混凝土搅拌站机械伤害事故树分析

某混凝土搅拌站发生了一起输送机转动部分绞伤作业人员的机械伤害事故，以“机械伤害”为顶上事件，对存在机械伤害的原因进行事故树分析。

（1）构建事故树

机械伤害事故树如图 6—1 所示。

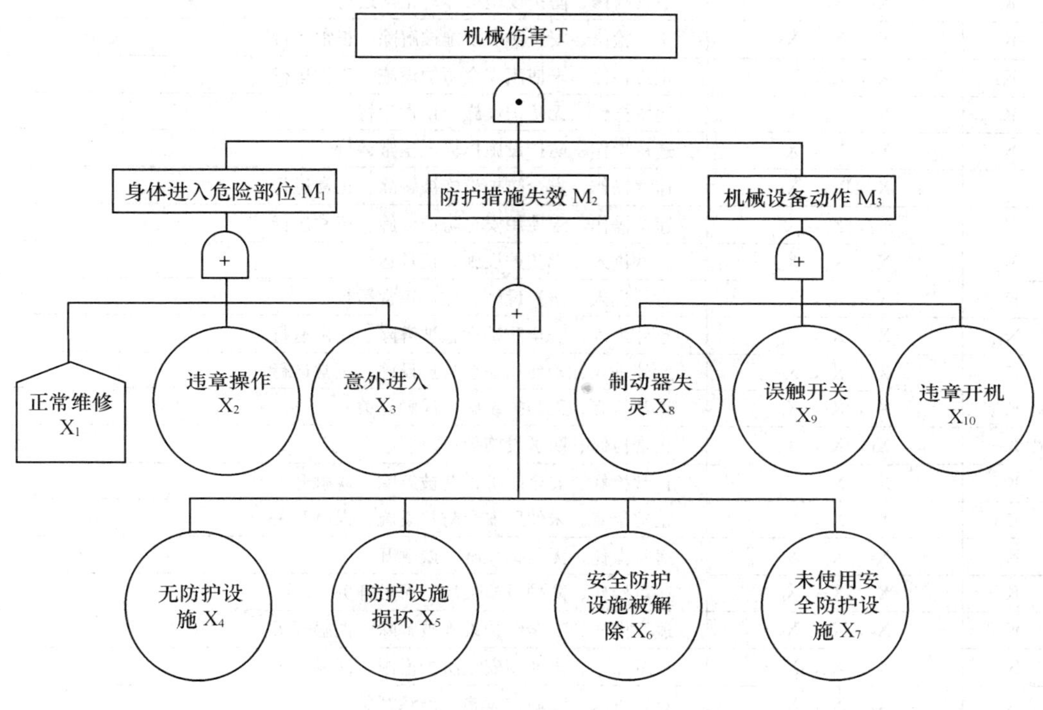

图 6—1　机械伤害事故树

（2）事故树的定性分析

①事故发生途径分析

$$T = M_1 M_2 M_3$$

$$= (X_1 + X_2 + X_3)(X_4 + X_5 + X_6 + X_7)(X_8 + X_9 + X_{10})$$

$$= X_1 X_4 X_8 + X_1 X_5 X_8 + X_1 X_6 X_8 + X_1 X_7 X_8 + X_2 X_4 X_8 + X_2 X_5 X_8 + X_2 X_6 X_8 + X_2 X_7 X_8 + X_3 X_4 X_8 + X_3 X_5 X_8 + X_3 X_6 X_8 + X_3 X_7 X_8 + X_1 X_4 X_9 + X_1 X_5 X_9 + X_1 X_6 X_9 + X_1 X_7 X_9 + X_2 X_4 X_9 + X_2 X_5 X_9 + X_2 X_6 X_9 + X_2 X_7 X_9 + X_3 X_4 X_9 + X_3 X_5 X_9 + X_3 X_6 X_9 + X_3 X_7 X_9 + X_1 X_4 X_{10} + X_1 X_5 X_{10} + X_1 X_6 X_{10} + X_1 X_7 X_{10} + X_2 X_4 X_{10} + X_2 X_5 X_{10} + X_2 X_6 X_{10} + X_2 X_7 X_{10} + X_3 X_4 X_{10} + X_3 X_5 X_{10} + X_3 X_6 X_{10} + X_3 X_7 X_{10}$$

得到 36 个最小割集，即机械伤害事故的发生途径共 36 个，见表 6—2。经查明，

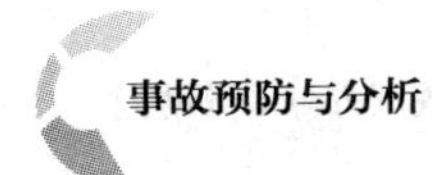

该次事故发生途径为K14，即工作人员正常检修，其他人员误触开关，且防护设施损坏的情况下发生的。

表 6—2　　机械伤害事故树最小割集事件组合表

序号	最小割集	事件组合
K_1	X_1，X_4，X_8	正常检修、无防护设施、正常运行
K_2	X_1，X_5，X_8	正常检修、防护设施损坏、正常运行
K_3	X_1，X_6，X_8	正常检修、安全防护设施被解除、正常运行
K_4	X_1，X_7，X_8	正常检修、未使用安全防护设施、正常运行
K_5	X_2，X_4，X_8	违章操作、无防护设施、正常运行
K_6	X_2，X_5，X_8	违章操作、防护设施损坏、正常运行
K_7	X_2，X_6，X_8	违章操作、安全防护设施被解除、正常运行
K_8	X_2，X_7，X_8	违章操作、未使用安全防护设施、正常运行
K_9	X_3，X_4，X_8	意外进入、无防护设施、正常运行
K_{10}	X_3，X_5，X_8	意外进入、防护设施损坏、正常运行
K_{11}	X_3，X_6，X_8	意外进入、安全防护设施被解除、正常运行
K_{12}	X_3，X_7，X_8	意外进入、未使用安全防护设施、正常运行
K_{13}	X_1，X_4，X_9	正常检修、无防护设施、误触开关
K_{14}	X_1，X_5，X_9	正常检修、防护设施损坏、误触开关
K_{15}	X_1，X_6，X_9	正常检修、安全防护设施被解除、误触开关
K_{16}	X_1，X_7，X_9	正常检修、未使用安全防护设施、误触开关
K_{17}	X_2，X_4，X_9	违章操作、无防护设施、误触开关
K_{18}	X_2，X_5，X_9	违章操作、防护设施损坏、误触开关
K_{19}	X_2，X_6，X_9	违章操作、安全防护设施被解除、误触开关
K_{20}	X_2，X_7，X_9	违章操作、未使用安全防护设施、误触开关
K_{21}	X_3，X_4，X_9	意外进入、无防护设施、误触开关
K_{22}	X_3，X_5，X_9	意外进入、防护设施损坏、误触开关
K_{23}	X_3，X_6，X_9	意外进入、安全防护设施被解除、误触开关
K_{24}	X_3，X_7，X_9	意外进入、未使用安全防护设施、误触开关
K_{25}	X_1，X_4，X_{10}	正常检修、无防护设施、违章开机
K_{26}	X_1，X_5，X_{10}	正常检修、防护设施损坏、违章开机
K_{27}	X_1，X_6，X_{10}	正常检修、安全防护设施被解除、违章开机
K_{28}	X_1，X_7，X_{10}	正常检修、未使用安全防护设施、违章开机
K_{29}	X_2，X_4，X_{10}	违章操作、无防护设施、违章开机
K_{30}	X_2，X_5，X_{10}	违章操作、防护设施损坏、违章开机
K_{31}	X_2，X_6，X_{10}	违章操作、安全防护设施被解除、违章开机
K_{32}	X_2，X_7，X_{10}	违章操作、未使用安全防护设施、违章开机
K_{33}	X_3，X_4，X_{10}	意外进入、无防护设施、违章开机
K_{34}	X_3，X_5，X_{10}	意外进入、防护设施损坏、违章开机
K_{35}	X_3，X_6，X_{10}	意外进入、安全防护设施被解除、违章开机
K_{36}	X_3，X_7，X_{10}	意外进入、未使用安全防护设施、违章开机

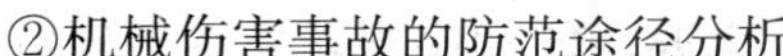

②机械伤害事故的防范途径分析

$$T' = M_1' + M_2' + M_3'$$

$$= (X_1'X_2'X_3') + (X_4'X_5'X_6'X_7') + (X_8'X_9'X_{10}')$$

即 $T = (X_1 + X_2 + X_3) \cdot (X_4 + X_5 + X_6 + X_7) \cdot (X_8 + X_9 + X_{10})$

由计算得出机械伤害的3个最小径集，即机械伤害的防范途径共3个，见表6—3。此次事故的防范措施可从P2和P3两条途径给出，即在人员正常检修时防止防护措施失效和机械设备动作。

表6—3　　机械伤害事故树最小径集事件组合表

序号	事件代号	事件组合
P_1	X_1，X_2，X_3	正常检修、违章操作、意外进入
P_2	X_4，X_5，X_6，X_7	无防护设施、防护设施损坏、安全防护设施被解除、未使用安全防护设施
P_3	X_8，X_9，X_{10}	正常运行、误触开关、违章开机

二、故障类型和影响分析方法及程序

1. 故障类型和影响分析方法

故障类型和影响分析（Failure Modes and Effects Analysis，FMEA）方法是美国在20世纪50年代为分析确定飞机发动机故障而开发的一种方法，许多国家在核电站、石油化工、机械、电子、电气仪表等工业中都有广泛应用，是系统安全工程中重要的分析方法之一，是一种系统故障的事前考察技术。该方法是由可靠性技术发展起来的，只是分析目标有了变化而已。故障类型和影响分析方法的基本内容是从系统中的元件故障状态进行分析，逐次归纳到子系统和系统的状态，主要考虑系统内会出现哪些故障，它们对系统产生什么影响，以及怎样发现和消除。

该方法的优点是能够明确表示出局部的故障给系统整体的影响，确定对系统安全性给予致命影响的故障部位，从逻辑上发现设计方面遗漏和疏忽的问题。缺点是应用时，若把重要的故障类型忽略了，则所进行的分析是徒劳无用的。所以，对重要故障类型不能忽略。

2. 故障类型和影响分析方法程序

故障类型和影响分析方法是按照预定的程序和分析表进行的，应用步骤如下：

（1）明确分析的对象及范围，并分析系统的功能、特性及运行条件，按照功能划分为若干子系统，找出各个子系统的功能、结构与动作上的相互关系。需要收集有关资料，如设计任务书、设计说明、有关标准、规范、工艺流程、设备图纸以及同类系统和设备的事故案例等，并了解故障的机理。

(2) 确定分析的基本要求，应做到：分清系统主要功能和次要功能在不同阶段的任务；逐个分析易发生故障的零部件；关键部分要深入分析，次要部分可简洁分析；要有可靠的检测方法和处理措施。

(3) 详细说明要分析的系统，包括两部分内容：系统的功能说明，包含各个子系统及其构成要素的功能叙述；系统功能框图，通过分解方式形象地表示出各个子系统在故障状态时对整个系统的影响。

(4) 分析故障类型及影响，这是实施故障类型和影响分析方法的中心环节。通过对系统功能框图所列全部项目进行分析，判明系统中所有实际可能出现的故障类型。为使所有故障类型不会产生遗漏，应按照故障类型及影响分析表逐项填写。

(5) 根据分析结果填入故障类型等级，故障类型等级划分见表 6—4。

表 6—4　　故障类型等级划分

故障等级	影响程度	可能造成的损失
Ⅰ	致命性	可造成死亡或系统毁坏
Ⅱ	严重性	可造成严重伤害、严重职业病或主系统损坏
Ⅲ	临界性	可造成轻伤、轻职业病或次要系统损坏
Ⅳ	可忽略性	不会造成伤害和职业病，系统不会受到损坏

3. 电机运行系统故障类型和影响分析

电机运行系统是一种短时运行系统，如果运行时间过长，则可能引起电线过热或者电机过热、短路，继而引发电气火灾，造成严重伤害，电机运行系统组成如图 6—2 所示。电机运行系统故障类型和影响分析结果见表 6—5。此次电机运行系统电气火灾的事故原因是继电器接点不断开，经过接点的电流增大，而保险丝选用不当，未能熔断，导致电机运行时间过长，引发电气火灾。

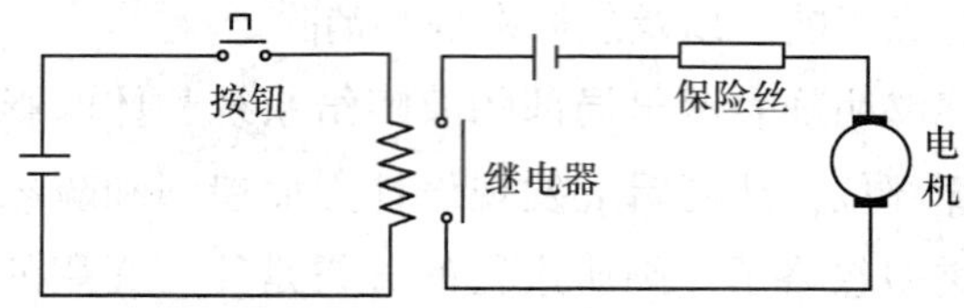

图 6—2　电机运行系统组成

表 6—5　　电机运行系统故障类型和影响分析结果

元素	故障类型	可能的原因	对系统影响	故障等级	措施
按钮	卡住	机械故障	电机不转	Ⅲ	定期检查更换
	接点断不开	机械故障 人员没放开按钮	电机运转时间过长 短路会烧毁保险丝		

续表

元素	故障类型	可能的原因	对系统影响	故障等级	措施
继电器	接点不闭合	机械故障	电机不转	Ⅲ	检查 更换
	接点不断开	机械故障 经过接点电流过大	电机运转时间过长 短路会烧毁保险丝		
保险丝	不熔断	质量问题 保险丝过粗	短路时，不能断开短路	Ⅲ	质量 检查
电机	不转	质量问题，按钮卡住 继电器接点不闭合	丧失系统功能	Ⅱ	… …
	短路	质量问题 运转时间过长	电路电流过大，烧毁保险丝，使继电器接点粘连		

三、变更分析方法

从变更分析方法的名字就可以看出，该技术方法重点在于变更。为了完成事故调查，查找原因，调查人员必须寻找与标准、规范相背离的东西。调查有非预期变更所导致的所有问题。对每一项变更进行分析，以便确定其发生的原因。这种技术方法应遵循以下几个步骤：

（1）确定问题，即发生了什么。

（2）相关标准、规范的确立。

（3）辨明发生什么变更、变更的位置以及对变更的描述，即发生什么变更、在哪儿发生的变更、什么时间发生的以及变更的程度如何。

（4）影响变更的因素具体化的描述和不影响变更的因素描述。

（5）辨明变更的特点、特征及具体情况。

（6）对发生变更的可能原因作一详细的列表。

（7）从中选择最可能的变更原因。

（8）找出相关变更带来的危险因素的防范措施。

该方法的优点是对特定原因的鉴别十分有效，缺点是未清晰说明给定事件之间的关系和考虑复合效应的增加变化，仅简单分析变化出现原因，没有进行深入的综合分析。

四、国外常用事故调查方法

现代事故调查与分析方法的发展往往是多种调查分析方法的交叉运用和相互渗透，表 6—6 列出了国外常用事故调查分析方法。

表 6—6　　国外常用事故调查分析方法

序号	方法	描述	优缺点
1	根本原因分析	识别并矫正安全管理体系中的潜在缺陷，预防相同或类似事故再次发生	分析深刻，但所需方法复杂
2	系统原因分析技术	以检查表的形式分析事故发生原因，包括 5 个单元：①事件的描述；②可能导致事故的常见关联分类；③常见直接原因；④常见基本原因；⑤损失控制图中的重要活动	主要用于确定问题，较少提供解决建议，即仅检验系统存在与否，而无法检验其运作是否正常。优点是较容易使用
3	事件与原因因素图表分析	用图形描述事故发生的诱发环境和必要条件，将事故的事件系列按时间排序并及时更新，便于搜集和组织证据，并对事故进行描述	①图形对事故描述清晰，事件顺序一目了然。②调查过程平稳，便于识别多种原因及诱发条件，鉴别信息缺陷。但需预先设置假设条件
4	屏障分析	对事件按从有害行为到目标的路径追踪分析，弄清屏障功能（主动障碍、被动、硬、软）、位置、是否有效及如何失效，辨识与事故相关的危害因素及防止事故应具备的屏障，以控制、防止危险因素	识别目标保护屏障，有利于找出调查分析起点。缺点是找不出屏障失效原因和有效的解决方案，常需与其他能找出失效原因的方法联用
5	影响图分析	将事故基本事件、决策与影响这些基本事件的措施、基本组织因素及其之间的依从关系以影响图的形式表示出来	用于分析系统故障根本原因的层次结构：管理决策、人为失误及部件失效。优点是清晰明了，但要求分析人员有丰富的经验

第三节　事故现场勘查

一、事故现场勘查的目的

事故现场勘查是事故调查工作的重要组成部分，是在保护现场的基础上，对客观物质进行详细调查、为查明事故原因找到客观事实根据的行动。

事故现场勘查主要目的如下：

（1）发现勘明事故现场所在地区（城市、农村等）、单位（厂、矿企业等）、场合（车间、仓库等）及其物质环境。

（2）发现事故肇事者在事故现场周围活动的情况，查明事故肇事者在事故发生过程中的活动。

（3）发现勘明事故现场物质环境的变动、变化情况，确定事故肇事者在现场的活动情况，如到过现场的哪些部位，实施过哪些造成事故发生的行为，实施造成事故发生的行为先后顺序和过程，有无伪装、破坏事故现场的表现，以及事故肇事者行为所造成的事故后果等。

（4）在上述各项勘查的基础上，发现、记录、收集事故现场破损部件、碎片、残留物、致害物的位置等。

二、事故现场勘查的内容

事故发生后，在进行事故调查的过程中，事故调查取证是完成事故调查过程中非常重要的一个环节，这在《企业职工伤亡事故调查分析规则》中作出了明确规定，主要有以下几个方面。

1. 现场处理

（1）事故发生后，应救护受伤害者，采取措施制止事故蔓延扩大。

（2）认真保护事故现场，凡与事故有关的物体、痕迹、状态，不得破坏。

（3）为抢救受伤害者需要移动现场某些物体时，必须做好现场标志。

2. 物证搜集

（1）现场物证包括破损部件、碎片、残留物、致害物的位置等。

（2）对于现场搜集到的所有物件均应贴上标签，注明地点、时间、管理者等。

（3）所有物件应保持原样，不准冲洗擦拭。

（4）对健康有危害的物品，应采取不损坏原始证据的安全防护措施。

3. 事故事实材料的搜集

（1）与事故鉴别、记录有关的材料

①发生事故的单位、地点、时间；

②受害人和肇事者的姓名、性别、年龄、文化程度、职业、技术等级、工龄、本工种工龄、支付工资的形式；

③受害人和肇事者的技术状况，接受安全教育情况；

④出事当天，受害人和肇事者什么时间开始工作，工作内容、工作量、作业程序、操作时势动作（或位置）；

⑤受害人和肇事者过去的事故记录。

（2）事故发生的有关事实

①事故发生前设备、设施等的性能和质量状况；

②使用的材料：必要时进行物理性能或化学性能实验与分析；

③有关设计和工艺方面的技术文件、工作指令和规章制度方面的资料及执行情况；

④关于工作环境方面的状况，包括照明、湿度、温度、通风、声响、色彩度、道

路、工作面状况以及工作环境中的有毒、有害物质取样分析记录；

⑤个人防护措施状况，应注意它的有效性、质量、使用范围；

⑥出事前受害人或肇事者的健康状况；

⑦其他可能与事故致因有关的细节或因素。

4. 证人材料搜集

要尽快找被调查者搜集材料。对证人的口述材料，应认真考证其真实程度。生产安全事故调查询问笔录是生产安全事故调查组在执法办案调查取证期间，在勘验检查的基础上，对勘验检查未能查清的人和事进行的进一步调查，也是行政处罚案件最常用的重要证据之一，是行政执法机关的一种法律文书，笔录的质量直接影响办案的质量，笔录的质量也是考核办案人员工作水平的一个重要尺度，违反法定程序和形式制作的询问笔录，会影响它作为证据使用时的法定效力。

（1）调查询问笔录的制作要求

①基本原则：《安全生产法》明确规定了生产安全事故调查处理的原则：实事求是，尊重科学，及时准确。制作询问笔录的基本原则为：笔录格式正确；笔录内容必须准确、翔实，全面客观，不能随意增加、减少内容和采用过多的修辞；笔录的文字准确清晰。

②调查询问笔录的内容：生产安全事故调查询问笔录有着与公安部门执法、检察机关执法、法院执法过程不同的要求和内容。目前，我国生产安全事故调查处理的主要法规依据是《安全生产法》《企业职工伤亡事故报告和处理规定》《特别重大事故调查程序暂行规定》及我国宪法和刑法中所规定的条文。进行生产安全事故调查询问工作时要注意其特点，实际应用时，要充分考虑生产安全事故的具体情况。询问主要包括以下内容：

调查单位、时间、地点，以及工作人员姓名；证人的姓名、年龄、文化程度、工作单位、职务、工种、本工种工龄或其他有关的自然情祝；工作开始时间；工作内容、工作量、正常的工作程序，谁指派的工作；当时的操作动作，事故的经过；指挥人员，如何指挥的；工艺条件、现场当时的环境状况；事发前受伤者的身体健康状况；当时现场操作者共有几人，都是谁，叫什么名字；现场操作人员的具体位置，包括受伤者、死者的位置、姿态、操作动作；事故发生的简要经过，造成伤害的起因物、致害物、伤害的性质、伤害部位；有关事故单位安全生产责任制落实情况；事故单位安全生产规章制度和操作规程情况；事故单位安全生产投入情况；事故单位的安全生产工作的督促、检查情况及生产安全事故隐患消除情况；事故单位生产安全事故应急救援预案的组织制定和事故发生时的实施情况；事故的报告情况。

③规格、格式要求：使用统一规格专用的询问笔录纸记录，询问笔录纸样例如图 6—3 所示。记录时，只能用毛笔、钢笔，蓝黑或碳素笔记录，字迹清晰，标点正

确，记录不能超越装订线，这样有利于使用、存档。调查结束后，被询问人在被询问人或被询问人签名处捺印，在补充或修改处捺印，多页笔录应摊开，并在右侧边缘处捺骑缝印，指印捺取要求清晰、完整。

事故调查询问笔录

工程名称：______________________________

调查日期：__________年__________月__________日

调查地点：______________________________

调查人：______________　记录人：______________

被调查人：________　性别：______　年龄：______　民族：______

籍贯：__________　文化程度：______　职业：______　职务：______

技术职称：________　政治面貌：______　住址：______________

与当事人关系：__________　在场人：______________

调查的内容：

问：______________________________

答：______________________________

____

被询问人（签名）______________

第　　页（共　　页）

图 6—3　询问笔录纸样例

（2）调查询问笔录的程序

①询问调查的组织：询问笔录要求由两名以上的执法人员对被询问人进行询问和记录，执法人员要求同发生事故没有直接利害关系，事故调查组在询问前要进行分组，对被询问人进行询问必须个别进行，无关人员不得在场，在同一个案件中被询问对象为多人时，应当根据调查组分组情况有计划地分组，逐一在单独的场所进行，以免造成相互启发甚至讨论的情况，影响被询问人提供客观真实的证言要求（注意：落实被询问人的身份、被询问人是否具备法定的代表能力，是否有替代、别名）。

②询问笔录的询问和记录：在对案件调查询问前，首先要将询问笔录纸各规定项目填写齐全。开始制作询问笔录前，执法人员必须向被询问人表明身份、出示执法证件、说明来意、被询问人的权利和义务，并将该程序如实记录，这是一项重要的程序性内容，缺少这一项步骤，造成程序违法，将可能导致案件的败诉。接下来开始对被询问人进行询问，这部分内容是笔录的核心内容。调查人员应当按照事先拟好的提纲对被询问人进行逐条提问。提问时要根据被询问人的思想觉悟、文化程度、表达能力等不同情况，采用适当的方式进行。询问被询问人不能带有提示性的、诱导式的发问，以免在听证或法庭上经不起质证。询问时不应对询问内容是否违法进行评判，只对具体事件进行调查，以免被询问人产生防卫心理，就轻或隐瞒真相。记录采用问话的形式，提问与被询问人的陈述应分别列段，段首标明“问”和“答”。询问人员应当注意记录人员的速度，记录人员必须用第一人称记录被询问人原话，单位和地方的名称都

要记录全称；对被询问人讲得不够具体的话，一定要核问出具体、确切情况后载入笔录；被询问人所作的回答如果条理不清，记录人员可先对被询问人的回答进行归纳总结，被询问人同意后载入笔录。

询问完毕后编好页码，当场交给被询问人核对，对于没有阅读能力的被询问人，应由记录人向被询问人宣读。允许被询问人当场补充和当场修改，并在补充和修改处捺上指印。被询问人承认笔录与所陈述一致时，应让被询问人在笔录记录结束处写明“以上记录我看过，内容属实”并标明日期，签名，捺印，如果其拒绝签字，询问人和记录人应当在笔录上注明情况并签字。

做好调查询问笔录是查明事故原因、分清事故责任、拟定整改措施、防止重复事故发生的重要条件，也是发生行政复议或行政诉讼案件时向法院提供的重要证据，对案件的正确处理具有非常重要的意义。

5. 现场摄影及绘图

（1）显示残骸和受害者原始存息地的所有照片。现场照相应包括记录事故发生时间、空间及各自的特点，事故活动的现场客观情况以及造成事故事实的客观条件和产生的结果，形成事故现场的主体的各种迹象。拍照顺序：先拍原始的，后拍移动的；先拍地面的，后拍高处的；先拍容易破坏的或容易消失的，后拍不容易破坏或消失的。现场照相一般包括现场方位照相、现场概貌照相、现场重点部位照相和现场细目照相四种。

（2）可能被清除或被践踏的痕迹，如刹车痕迹、地面和建筑物的伤痕、火灾引起损害的照片、冒顶下落物的空间等。

（3）事故现场全貌。

（4）利用摄影或录像，提供较完善的信息内容。

（5）必要时，绘出事故现场示意图、流程图、受害者位置图等。

事故现场示意图的种类有现场位置图、现场全貌图、现场中心图、专项图（也称专业图），事故现场示意图中应标明方向、天气、高度、距离、时间、绘制者、主要残骸及关键物证的位置、受伤害者的原始存息地等有关信息；流程图对事故描述清晰，事件顺序一目了然，某火灾事故流程如图 6—4 所示。

三、事故现场勘查的顺序

事故现场勘查是一项复杂而细致的工作。必须有计划、有步骤、有秩序地进行。现场勘查的步骤为由一般到个别，首先勘查现场的整体物质环境，即整体巡视，然后分别勘查环境的各个部分，即局部观察；最后勘查环境中的事故破损部件、起因物、致害物、残留物，即个体勘查。

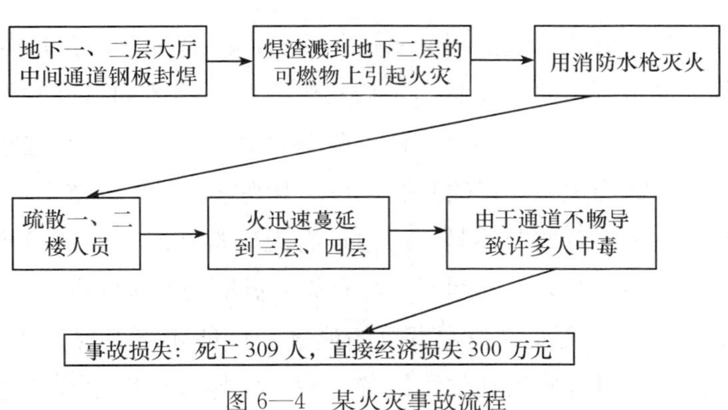

图6—4 某火灾事故流程

1. 整体巡视

整体巡视是事故现场勘查的第一阶段。

事故调查组负责人在听取有关发生事故经过情况以后，即应在事故现场保护人员的指引下，组织安技人员、检察院人员、工会干部及企业主管部门领导，对事故现场的内部状态、外部状态及其周围环境进行巡视观察。对于发生在生产车间的事故，整体巡视一般应当先观察其外部状态，包括事故现场所在的各环境。对于发生在井下巷道、采掘工作面的事故，整体巡视一般应当先了解观察通风、运输、机电、顶板等外部状态。对于发生在野外采石场的事故，整体巡视一般应当先观察现场中心部位状态，如受害人倒卧的位置、姿势、伤势和事故损破部件、碎片、残留物、致害物的分布情况等，然后再观察事故现场所处的地理位置。

通过对事故现场的整体巡视，要求达到以下目的：

(1) 确定保护现场的范围应当采取的具体保护措施，对原来保护范围偏窄、偏宽或保护方法不适当的，要进行调整加强。

(2) 运用文字笔录、绘图、照相、录像等方法，记录现场的方位等客观情况，明确现场的原始状态。

(3) 在掌握发生事故简要情况和现场整体状态的基础上，进一步勘查事故现场提出实施方案。包括确定勘查范围、勘查重点、勘查顺序、勘查方法等。

2. 局部观察

局部观察是在整体巡视的基础上进行的。即根据已确定的事故现场勘查的范围、重点和顺序，有计划地把事故现场划分为若干部分，然后组织勘查，安监人员分头或者逐个部分地进行观察研究。局部的划分，可以按照事故现场的物质环境（如不同的生产车间、不同的井下采掘工作面、不同的地块）来确定，也可以按照事故现场上受害人的损害程度及其相关联的各种痕迹、物品确定。

局部观察是在不变动现场的原始状态的情况下进行的：

（1）按照局部的划分进行重点部位照相和录像，将现场的原始状态拍录下来。

（2）按照划分的范围，集中注意力，认真观察每一物体和痕迹的位置、状态以及相互关系。查明哪些物体、痕迹是原有的，哪些是新出现的。以及这些物体、痕迹的变动、变化与发生事故的关系。以便判明正在勘查观察的局部与整个事故现场的关系，判明现场状态与事故肇事者的陈述是否一致，有无反常情况，即现场状态与类似事故发生发展一般规律，与安监人员的判断，与有关人员所做的解释有无相互矛盾的情形。

只有经过反复思考，反复寻找，事故的痕迹、物证才能发现得比较多，比较全，事故肇事者在事故发生过程中活动的情况和过程，才能分析得比较清楚，比较符合实际。在局部观察中如果发现某个局部、某个物体、某个痕迹对查明发生事故原因可能有重要意义，或者发现了具有证据意义的破损部件、碎片、残留物及其致害物等，要进行细目照相、录像，有的还要进行具体测量，并把它们的位置、状态和相互关系用笔录、绘图等方法详细记录下来。

3. 个体勘查

勘查客体外部结构情况特征和变化，发现比较暴露的痕迹、物证，然后进行动态勘查，即在静态勘查的前提下，充分利用各种事故追查手段和方法，对客体进行各种变动的勘查检查，观察、记录、检验其内部结构特征和变化，发现比较隐蔽的事故痕迹、物证。对于其中有证据价值或者需要进一步检验鉴定的痕迹、物品，分别予以提取，为查明发生事故原因和事故肇事者的某些专门性问题，必要时可以进行事故现场实验。

进行个体勘查应当注意做到以下几点：

（1）要有步骤、有层次，循序渐进。具体做法可以采取先下后上，先外后内，先表后里，一步步、一层层地进行。如对尸体的检验，首先要在原始状态下观察记录受害人的位置、方向、姿势与周围物体的关系等，然后逐层检查受害人的操作程度，寻找操作的痕迹及受害人周围的物证。只有这样，才能全面掌握被侵害客体的变化特征，为查明发生事故原因提供线索证据。

（2）要主动、有计划、有重点地寻找检验客体。个体勘查不应满足于“遇到什么勘查什么”的被动状态，而应当根据整体巡视，局部观察对现场的认识，根据发生事故的过程情况，根据各类事故现场痕迹、物证出现的一般规律，主动提出问题，有计划、有重点地寻找检验客体。

（3）要注意验证痕迹与发生事故的关系。事故现场上发现的痕迹，只有经过分析材料和验证，确认属于造成发生事故的破损部件、碎片、残留物、致害物等，才能作为查明发生事故原因的依据。分析判断痕迹与发生事故的关系，是个体勘查阶段的主要任务。

4. 事故现场勘查的顺序

事故现场勘查的顺序是指在整体巡视的基础上，事故调查负责人对现场勘查应当从哪里开始（起点），沿着怎样的顺序。发生事故性质不同，现场情况不同，现场勘查顺序也不完全相同。实际中常用的勘查顺序主要有：

（1）从中心向外围勘查。多用于事故现场范围较小，中心部位比较明显，痕迹、物证比较集中的现场。特别是一般生产车间事故现场，可以从事故现场的中心部位，从被破坏的事故破损部件、碎片的地点开始，逐步向外扩展，直至勘查到生产车间的边缘。

（2）从外围向中心勘查。多适用于现场范围较大，中心部位不甚明显，痕迹、物证比较分散，如火药爆炸、瓦斯爆炸、锅炉爆炸等事故，将人抛出很远。因自然或者人的原因随时可能受到破坏，或者走近事故现场中心，可能使事故现场外围的破损部件、碎片、残留物遭到破坏，这样可从事故现场边缘开始，逐渐收缩范围，直至勘查现场的中心部分。

（3）分片分段勘查。多用于事故现场范围较大，或者地处狭长，涉及几处地点、几个场合，可以依照客观环境和地形地物的界线，把事故现场划分为若干片、若干段。每个片、段都作为一个相对独立的部分，按其形成的先后顺序逐个进行勘查，或者把安监人员分为若干组同时进行勘查。

（4）从某个特定的部分开始勘查。多用于工矿企业地处交通要道和井下采掘工作面，或者已知事故现场的某个部分存在某种潜在危险的现场，例如井下瓦斯爆炸、采石场大面积塌落。查明事故原因需要立即对某个客体进行勘查检查的时候，为了不致影响交通或者生产的正常进行，为了避免继续造成某种严重后果，或者为了迅速采取措施查明事故肇事者，事故现场勘查也可以从这些特定的部分开始。

由此可见，事故现场勘查的顺序不是一成不变的，应当由安监人员根据事故现场的地理位置，周围环境，范围大小，痕迹物证暴露是否明显，以及勘查时间、勘查时的气候条件等多种因素，本着有利于查明发生事故原因和事故肇事者，有利于发现采取痕迹、物证的原则，权衡利弊，灵活掌握。有时还可以将几种不同的顺序结合起来进行，切不可生搬硬套。

复习思考题

××××年××月××日，北京基恒建筑安装工程公司在朝阳区石佛营小区 18 号住宅楼基础土方开挖施工中，发生土方坍塌事故，造成 4 人死亡、1 人轻伤。

朝阳区石佛营小区 18 号楼、19 号楼由基恒公司业务二部承建，经顺南公司、运土个体户司机杨顺、凯丰车队多次转包后，由凯丰车队实施挖运土方作业。

××××年××月××日，凯丰车队进场挖运土方，基恒公司业务二部负责人孙某安排本单位使用的劳务单位——江苏省通州市第五建筑安装公司配合开挖（双方未签劳务合同，无安全教育），该单位即指使一人负责放线测量，6人跟随挖槽机清槽。由于基恒公司业务二部未对施工人员进行安全技术交底，未派自身管理人员到现场组织指挥且业务二部负责人孙某擅自更改原施工组织设计中关于放坡措施的内容。

当晚10时至11时，放线员邢某发现基坑坡度严重不足，并向挖掘司机反映了这一情况，但最终也未消除坡度严重不足的这一隐患。

次日凌晨2时至3时，坑壁先后出现了小块土方塌落和坑壁开裂等征兆，但未能引起施工人员的重视。凌晨4时许，放线员换班，清土的农民工向换班后的放线员钱某反映土方塌落等情况，钱某认为没事，要求继续施工，也未向现场负责人报告。

凌晨5时，基坑南侧坑壁突然大面积坍塌，将在下方作业的7名工人埋住，经抢救3人脱险，1人轻伤，4人死亡。

1. 这起事故应由谁组织调查？

2. 事故调查组应由哪些部门参加？

3. 事故调查组的主要职责有哪些？

4. 简述开展该事故调查的程序。

5. 请指出事故调查组应在现场收集哪些方面的证据。

实训六

一、实训目标

1. 明确接到事故报告后如何组建事故调查组。

2. 了解事故发生后现场处理勘查的基本程序和内容，会运用正确的方法和顺序完成现场处理、物证搜集等工作。

3. 结合具体情境进行事故调查分析，会选用恰当的分析方法进行事故分析。

二、任务描述

以某事故为例，模拟事故调查人员对现场进行调查分析，完成事故处理、物证搜集、询问笔录和事故原因分析等工作。

三、任务准备

1. 实训资料准备

（1）事故案例。

（2）《生产安全事故报告和调查处理条例》《企业职工伤亡事故调查分析规则》《企业职工伤亡事故分类标准》《生产过程危险和有害因素分类与代码》等法律、法规、标准、规范材料。

（3）询问笔录用纸1套（可参照“图6—3询问笔录纸样例”）。

（4）小组合作实训过程考评记录表（教师用）。

2. 实训器材准备

（1）相机、录音设备等。

（2）纸、笔、夹、尺子等。

（3）标签、手套和器皿等。

四、知识要点

1. 事故调查权的确定。

2. 事故树分析法方法、故障类型和影响分析方法等事故分析技术方法。

3. 事故现场勘查。

五、实训过程

1. 根据给定情景组建事故调查组，明确分工与职责。

2. 进行事故现场保护等现场处理工作。

3. 进行事故事实材料搜集，选用恰当的事故调查技术方法进行分析，明确需要调查分析的内容。

4. 选用恰当的顺序和方法进行物证搜集工作。

5. 确定被调查者，询问人证并填好询问笔录。

6. 现场摄影及绘图。

六、注意事项

1. 实训前熟悉法律、法规、标准、规范中对事故调查与现场勘查的规定。

2. 分组进行角色扮演，完成实训报告。

七、总结与思考

1. 如何确定事故调查权？

2. 事故调查组一般由哪几方面的人员组成？如何明确职责与权限？

3. 如何确定事故现场勘查的顺序？

第七章

事故综合分析与处理

本章学习目标

1. 掌握事故直接原因、间接原因的分析方法。

2. 掌握事故性质的认定方法。

3. 了解事故调查相关要求，会编制事故调查报告。

第一节　事故综合分析

一、事故原因分析

对一起事故的原因分析通常有两个层次，即直接原因和间接原因。直接原因通常是一种或多种不安全行为、不安全状态或两者共同作用的结果。间接原因可追踪于管理措施及决策的缺陷，或者环境的因素。分析事故时，应从直接原因入手，逐步深入到间接原因，从而掌握事故的全部原因。

1. 事故原因分析的基本步骤

《企业职工伤亡事故调查分析规则》给出了分析事故原因的步骤。

（1）整理和阅读调查材料。

（2）按以下 7 项内容进行分析：①受伤部位；②受伤性质；③起因物；④致害物；⑤伤害方式；⑥不安全状态；⑦不安全行为。

（3）确定事故的直接原因。

（4）确定事故的间接原因。

（5）确定事故责任者。

2. 直接原因分析

《企业职工伤亡事故调查分析规则》规定，属于下列情况者为直接原因：

（1）机械、物质或环境的不安全状态。详见第三章“表3—2生产安全事故情况报表（一）”不安全状态。

（2）人的不安全行为。详见第三章“表3—2生产安全事故情况报表（一）”不安全行为。

3．间接原因分析

《企业职工伤亡事故调查分析规则》规定，属于下列情况者为间接原因。

（1）技术和设计上有缺陷——工业构件、建筑物、机械设备、仪器仪表、工艺过程、操作方法、维修检验等的设计、施工和材料使用存在问题。

（2）教育培训不够、未经培训、缺乏或不懂安全操作技术知识。

（3）劳动组织不合理。

（4）对现场工作缺乏检查或指导错误。

（5）没有安全操作规程或不健全。

（6）没有或不认真实施事故防范措施，对事故隐患整改不力。

（7）其他。

二、事故责任的划分

《中华人民共和国安全生产法》第十四条明确规定：“国家实行生产安全事故责任追究制度，依照本法和有关法律、法规的规定，追究生产安全事故责任人员的法律责任。”

1．事故性质

按照造成事故的责任不同，事故性质分为责任事故和非责任事故。责任事故，指由于人们违背自然规律，违反法律、法规、条例、规程等不良行为造成的事故。非责任事故，指由不可抗拒的自然因素或目前科学无法预测的原因造成的事故。《中华人民共和国安全生产法》第八十四条明确规定：“生产经营单位发生生产安全事故，经调查确定为责任事故的，除了应当查明事故单位的责任并依法予以追究外，还应当查明对安全生产的有关事项负有审查批准和监督职责的行政部门的责任，对有失职、渎职行为的，依照本法的规定追究法律责任。”

2．事故责任分类

（1）直接责任者：指其行为与事故的发生有直接关系的人员。

（2）主要责任者：指对事故的发生起主要作用的人员。有下列情况之一时，应由肇事者或有关人员负直接责任或主要责任：①违章指挥或违章作业、冒险作业造成事故的；②违反安全生产责任制和操作规程，造成伤亡事故的；③违反劳动纪律、擅自开动机械设备或擅自更改、拆除、毁坏、挪用安全装置和设备，造成事故的。

（3）领导责任者：指对事故的发生负有领导责任的人员。有下列情况之一时，有关领导应负领导责任：①由于安全生产责任制、安全生产规章和操作规程不健全，职工无章可循，造成伤亡事故的；②未按规定对职工进行安全教育和技术培训，或职工未经考试合格上岗操作造成伤亡事故的；③机械设备超过检修期限或超负荷运行，或因设备有缺陷又不采取措施，造成伤亡事故的；④作业环境不安全，又未采取措施，造成伤亡事故的；⑤新建、改建、扩建工程项目的尘毒治理和安全设施不与主体工程同时设计、同时施工、同时投入生产和使用，造成伤亡事故的。

三、责任追究

安全生产责任追究是指因安全生产责任者未履行安全生产有关的法定责任，根据其行为的性质及后果的严重性，追究其行政、民事或刑事责任的一种制度。

1. 行政责任

行政责任是指行为人因违反行政法或因行政法规定而应承担的法律责任。行政责任一般分为职务过错责任和行政过错责任。职务过错责任是指行政机关工作人员在执行公务中因滥用职权或违法失职行为而应承担的法律责任；行政过错责任是指行政管理相对人因违反行政管理法规而应承担的法律责任。

（1）行政处分

根据《国务院关于国家行政机关工作人员的奖惩暂行规定》第六条的规定，对国家工作人员的行政处分分为警告、记过、记大过、降级、降职、撤职、留用察看、开除8种。根据《企业职工奖惩条例》第十二条的规定，对企业职工的行政处分分为警告、记过、记大过、降级、降职、留用察看、开除7种，并可给予一定的罚款。

（2）行政处罚

根据《中华人民共和国行政处罚法》第八条的规定，行政处罚的种类共7种：①警告；②罚款；③没收违法所得、没收非法财物；④责令停产停业；⑤暂扣或者吊销许可证、暂扣或者吊销执照；⑥行政拘留；⑦法律、行政法规规定的其他行政处罚。

2. 刑事责任

刑事责任是指行为人因犯罪行为而应承受的、由司法机关代表国家所确定的否定性法律后果。由于刑事违法的违法性质最为严重，故刑事责任也最为严厉。在我国，认定和追究刑事责任的主体只能是国家审判机关即各级人民法院，承担刑事责任的主体只能是刑事违法者本人。

根据《刑法》的规定，与安全生产有关的犯罪主要有危害公共安全罪，渎职罪，生产、销售伪劣商品罪和重大环境污染事故罪。其中危害公共安全罪是一类社会危害性非常严重的犯罪，罪名包括重大飞行事故罪、铁路运营安全事故罪、交通肇事罪、

重大责任事故罪、重大劳动安全事故罪、危险物品肇事罪、工程重大安全事故罪、教育设施重大安全事故罪、消防责任事故罪等。

3. 民事责任

民事责任是违反民事义务、侵害他人合法权益的公民、法人和其他组织，依据民事法律应承担的责任。

我国《民法通则》规定，承担民事责任的具体方式主要有：①停止侵害；②排除妨碍；③消除危险；④返还财产；⑤恢复原状；⑥修理、重做、更换；⑦赔偿损失；⑧支付违约金；⑨消除影响，恢复名誉；⑩赔礼道歉。

第二节 编制事故调查报告

一、事故调查报告相关要求

1. 事故调查报告的时限

事故调查组应当自事故发生之日起 60 日内提交事故调查报告；特殊情况下，经负责事故调查的人民政府批准，提交事故调查报告的期限可以适当延长，但延长的期限最长不超过 60 日。

2. 事故调查报告归档

事故调查报告报送负责事故调查的人民政府后，事故调查工作即告结束。事故调查的有关资料应当归档保存。

二、事故调查报告的内容和格式

1. 事故调查报告内容

《生产安全事故报告和调查处理条例》第三十条明确规定，事故调查报告应当包括下列内容。

（1）事故发生单位概况；

（2）事故发生经过和事故救援情况；

（3）事故造成的人员伤亡和直接经济损失；

（4）事故发生的原因和事故性质；

（5）事故责任的认定以及对事故责任者的处理建议；

（6）事故防范和整改措施。

事故调查报告应当附具有关证据材料。事故调查组成员应当在事故调查报告上

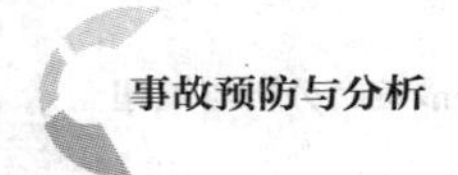

签名。

2. 事故调查报告格式

事故调查报告一般包括标题、正文和附件三个组成部分。

（1）标题

事故调查报告的标题一般采用公文式，居中。命题内容包括事故发生单位、日期和事故类别等信息，例如，山东省青岛市“11·22”中石化东黄输油管道泄漏爆炸特别重大事故调查报告。

（2）正文

正文是报告的主体，应详细介绍调查中的情况和事实，以及对其做出的分析。首先写明调查简况，包括调查对象、时间、地点、依据和调查结果等。紧接着采用纵式结构，分部分完成《生产安全事故报告和调查处理条例》中要求的事故调查报告内容，一般分为公司（工程）概况、事故发生经过及抢险救援过程、事故原因和性质、对事故责任单位和责任人员的处理建议、防范措施及整改建议5个组成部分。

（3）附件

事故调查报告的最后一部分内容是附件。在事故调查报告中，为了保证正文叙述的完整性和连贯性，一般采用附件的形式将有关照片、鉴定报告、各种图纸资料附在事故报告最后；也有的将事故调查组成员名单或在特大事故中的死亡人员名单等作为附件列于正文之后，供有关人员查阅。

第三节　典型事故调查报告

一、重大爆炸事故调查报告

××化工有限公司“2·28”重大爆炸事故调查报告

××××年2月28日9时4分，位于石家庄市赵县境内的××化工有限公司发生重大爆炸事故，造成25人死亡、4人失踪、46人受伤，直接经济损失4 459万元。

事故发生后，国务院、国家安全生产监督管理总局、省委省政府高度重视。国务院张德江副总理，国家安全生产监督管理总局骆琳原局长，国家安全生产监督管理总局孙华山副局长，省委张庆黎书记，省政府张庆伟省长，省委常委、石家庄市委孙瑞彬书记，省政府张杰辉副省长，省安全生产监督管理局高圣先局长等领导分别作出重要批示，对事故救援和调查处理等工作提出明确具体的要求。张庆伟省长第一时间赶赴医院看望慰问受伤人员，并对事故应急处置作出重要指示。省委常委、石家庄市委孙瑞彬书记，省政府张杰辉副省长，省安全生产监督管理局高圣先局长，石家庄市政府姜德果市长等领导赶赴事故现场，组织成立现场应急指挥部，协调有关救援队伍开展现场搜救和清理工作。国家煤矿安全监察局彭建勋副局长、国家安全生产监督管理总局王浩水司长、国家应急救援指挥中心李万春副主任赴现场指导应急救援和事故调查工作。

依据《生产安全事故报告和调查处理条例》等有关规定，2 月 29 日，河北省人民政府成立了由张杰辉副省长任组长的××化工有限公司“2·28”重大爆炸事故调查领导小组和由省安全生产监督管理局高圣先局长任组长的事故调查组，对事故展开全面调查。事故调查组由省安全生产监督管理局牵头，省监察厅、省公安厅、省总工会和石家庄市人民政府有关人员组成，邀请省人民检察院派员参加，并聘请有关专家参与调查。在国家安全生产监督管理总局的指导和帮助下，事故调查组严格按照国务院领导、国家安全生产监督管理总局领导和省领导的重要批示要求以及“四不放过”原则，通过现场勘察、技术鉴定、查阅资料、调查询问等，查清了事故发生经过，查明了事故原因，认定了事故性质，提出了对相关责任单位和责任人员的处理建议。现将有关情况报告如下。

一、××化工有限公司概况

1. 企业基本情况

××化工有限公司（以下简称克尔公司）成立于 2005 年 2 月，注册资本 5 258 万元，位于石家庄市赵县工业区（生物产业园）内，东西长 611 m，南北长 178 m，占地 163 亩。公司西部为生活区，东部为生产区和配套设施。现有职工 351 人，法定代表人杨×。

该公司年产 10 000 t 恶二嗪、1 500 t 2-氯-5-氯甲基吡啶、1 500 t 西林钠、1 000 t N—氰基乙亚胺酸乙酯。项目由赵县发展改革局备案（赵发改投资备字〔2008〕31 号），总投资 2.17 亿元。该项目列入 2009 年度和 2010 年度河北省重点建设项目。项目分三期建设，一期工程建设一车间（硝酸胍）、二车间（硝基胍）及相应配套设施，由河北渤海工程设计有限公司（化工石化医药行业工程设计乙级资质，证书编号：A213001034）设计，河北华飞科技咨询有限责任公司［具有第一类石油加工业，化学原料、化学品及医药制造业甲级安全评价资质，资质编号：APJ—（国）—0394—2006］进行竣工验收安全评价。一期工程分别于 2009 年 7 月 13 日、2010 年 1 月 15 日、7 月 13 日通过设立安全审查、安全设施设计审查、竣工验收。2010 年 9 月取得危险化学品生产企业安全生产许可证，未取得工业产品生产许可证。

公司现有产品为硝酸胍和硝基胍。自投产以来，公司经营状况良好，2011 年实现销售收入 2.6 亿元，利润 1.07 亿元，上缴税金 815 万元。

2. 一车间生产工艺流程

克尔公司发生爆炸的地点为一车间。一车间产品是硝酸胍，设计能力为 8 900 t/年。该公司硝酸胍生产为釜式间歇操作，生产原料为硝酸铵和双氰胺，其生产工艺为：

硝酸铵和双氰胺按 2∶1 配比，在反应釜内混合加热熔融，在常压、175～210℃条件下，经反应生成硝酸胍熔融物，再经冷却、切片，制得产品硝酸胍。该工艺生产过程简单，是国内绝大多数硝酸胍生产厂家采用的工艺路线。

反应分两步进行，反应方程式为：

(1) $(NH_2CN)_2+NH_4NO_3=NH_2C(NH)NHC(NH)NH_2\cdot HNO_3-Q$

(2) $NH_2C(NH)NHC(NH)NH_2\cdot HNO_3+NH_4NO_3=2NHC(NH_2)_2\cdot HNO_3+Q$

总反应为：$(NH_2CN)_2+2NH_4NO_3=2NHC(NH_2)_2\cdot HNO_3+Q$

二、事故发生经过及抢险救援过程

1. 事故发生经过

一车间共有 8 台反应釜，自北向南单排布置，依次为 1～8 号。事发当日，1～5 号反应釜投用，6～8 号反应釜停用。

2 月 28 日 8 时 40 分左右，1 号反应釜底部保温放料球阀的伴热导热油软管连接处发生泄漏自燃着火，当班工人使用灭火器紧急扑灭火情。其后 20 多分钟内，又发生 3～4 次同样火情，均被当班工人扑灭。9 时 4 分许，1 号反应釜突然爆炸，爆炸所产生的高强度冲击波以及高温、高速飞行的金属碎片瞬间引爆堆放在 1 号反应釜附近的硝酸胍，引起次生爆炸。

事故发生后，一车间被全部炸毁，北侧地面被炸成一东西长 14.70 m、南北长 13.50 m 的椭圆形爆坑，爆坑中心深度 3.67 m。8 台反应釜中，2 台被炸碎，3 台被炸成两截或大片，3 台反应釜完整。一车间西侧的二车间框架主体结构损毁严重，设备、管道严重受损；东侧动力站西墙被摧垮，控制间控制盘损毁严重；北侧围墙被推倒；南侧六车间北侧墙体受损；整个厂区玻璃多被震碎。经计算，事故爆炸当量相当于 6.05 t TNT。

2. 抢险救援过程

事故发生后，省、市、县三级政府紧急成立了现场应急救援指挥部，组织协调有关救援队伍开展现场搜救和清理工作。调动安全监管、公安、武警、特警、消防、医疗救护、电力、商务、民政等部门各种救援人员 1 000 余人次，动用各种特种机械及救援车辆 200 余台次，历经 80 多小时的连续奋战，清理倒塌厂房建筑垃圾 1 000 多 m^3，清运危险爆炸品 3 t 多，清理出 21 具尸体和 144 块尸块。从沧州大化、石家庄炼油厂、河北压力容器研究院等单位紧急协调 6 名安全专家，全程参与事故现场搜救和清理工作。公安部门组织警力搜集事故现场周边的人体组织、毛发、血迹等，进行

DNA 比对，并采集 20 份现场土样，排除了人为破坏因素。至 3 月 3 日 12 时，现场搜救工作全部结束。

现场搜救工作结束后，现场应急救援指挥部研究制定了《厂区危险化学品处置方案》，对该公司尚存的 34 种共计 710 t 硝基胍、硝酸铵、硫酸等危险化学品以及二车间和十车间 29 釜约 17 t 未放料的液态硝基胍进行妥善处置。至 3 月 13 日，将公司厂区及库房内具有易燃、易爆或腐蚀性的危险化学品全部运出厂区；二车间和十车间未放完料的液态硝基胍处置完毕；将其他剩余危险化学品就地封存。

至此，事故现场应急处置工作圆满结束，未发生次生事故。

三、事故原因和性质

1. 事故排除人为破坏因素

事故发生后，公安部门组织查看该公司视频监控录像，未发现无关人员在事故前进入厂区；经比对死亡、失踪人员 DNA 样本，分析尸体尸块分布位置，确认爆炸中死亡、失踪人员均为厂区内工作人员和施工人员；经检验鉴定爆炸点周边土样，未检出 TNT 成分；结合调查走访厂区工作人员、死亡和失踪人员家属及周围群众情况，并结合现场物证检验调查，综合分析，该起事故排除人为破坏因素。

2. 事故直接原因

克尔公司从业人员不具备化工生产的专业技能，一车间擅自将导热油加热器出口温度设定高限由 215℃提高至 255℃，使反应釜内物料温度接近了硝酸胍的爆燃点(270℃)。1 号反应釜底部保温放料球阀的伴热导热油软管连接处发生泄漏着火后，当班人员处置不当，外部火源使反应釜底部温度升高，局部热量积聚，达到硝酸胍的爆燃点，造成釜内反应产物硝酸胍和未反应的硝酸铵急剧分解爆炸。1 号反应釜爆炸产生的高强度冲击波以及高温、高速飞行的金属碎片瞬间引爆堆放在 1 号反应釜附近的硝酸胍，引发次生爆炸，从而引发强烈爆炸。

3. 事故间接原因

(1) 安全生产责任不落实

企业负责人对危险化学品的危险性认识严重不足，贯彻执行相关法律法规不到位，管理人员配备不足，单纯追求产量和效益，错误实行车间生产的计件制，造成超能力生产，严重违反工艺指标进行操作。技术、生产、设备、安全分管负责人严重失职，对违规拆除反应釜温度计、擅自提高导热油温度等违规行为，听之任之，不予以制止和纠正。当一车间出现 2011 年 10 月 28 日，1 号反应釜发生喷料着火；2011 年 11 月 23 日，7 号反应釜导热油管道保温层着火；2012 年 2 月 16 日，2 号反应釜内着火三次异常情况后，不认真研究分析异常原因，放纵不管，失去整改机会，最终未能防范事故的发生。

(2) 企业管理混乱，生产组织严重失控

公司技术、生产、安全等分管副职不认真履行职责，生产、设备、技术、安全等部门人员配备不足，无法实施有效管理，机构形同虚设。车间班组未配备专职管理人员，有章不循，管理失控。企业生产原料、工艺设施随意变更，未经安全审查，擅自将原料尿素变更为双氰胺。未制定改造方案，未经相应的安全设计和论证，增设一台导热油加热器，改造了放料系统。设备维护不到位，在反应釜温度计损坏无法正常使用时，不是研究制定相应的防范措施，而是擅自将其拆除，造成反应釜物料温度无法即时监控。生产组织不合理，一车间经常滞留夜班生产的硝酸胍，事故当日，反应釜爆炸引发滞留的硝酸胍爆炸，造成重大人员伤亡。

（3）车间管理人员、操作人员专业知识低

公司车间主任和重要岗位员工全部来自周边农村，多为初中以下文化程度，缺乏化工生产必备的专业知识和技能，未经有效安全教育培训即上岗作业，把危险程度较低的生产过程变成了高度危险的生产过程；针对突发异常情况，缺乏有效应对的知识和能力。车间主任张召朋为加快物料熔融速度和反应速度，完成生产任务，擅自将绝不可以突破的工艺控制指标（两套导热油加热器出口温度设定高限）调高，使反应釜内物料温度接近了硝酸胍的爆燃温度（270℃）。车间操作人员对反应釜温度计的至关重要作用毫无认识，生产过程中，在出现因投入的硝酸铵物料块较大，反应釜搅拌器带动块状硝酸铵对温度计套管产生撞击，频繁导致温度计套管弯曲或温度指示不准等情况时，擅自拆除了温度计，导致对反应釜内物料温度失去了即时监控。

（4）企业隐患排查走过场

企业隐患排查治理工作不深入、不认真，对技术、生产、设备等方面存在的隐患和问题视而不见，甚至当上级和相关部门检查时弄虚作假，将已经拆除的反应釜温度计临时装上应付检查，蒙混过关。对反应釜温度缺乏即时监控、釜底连接短管缺乏保温等隐患，尤其是反应釜喷料、导热油管路着火等异常情况的内在隐患，以及导热油温度提高的危险性等不重视，不分析研究，不及时认真整改。

（5）相关部门监管不力

对克尔公司这样发展速度快、各项管理存在严重缺陷的企业，缺乏有力跟进指导和具体帮助，属地管理存在漏洞，客观上助长了企业的畸形发展，埋下了重大事故隐患。安监、质监、工信、发改等部门以及企业所在生物产业园管委会监管力量不足，化工、医药专业人才少，现场检查时难以发现企业存在的专业性问题，加之企业弄虚作假，未能对企业的安全工作实施有效监督和指导，未能有效监督企业落实安全生产主体责任。

（6）政府监管不力

县乡政府对化工生产的危险性认识不足，对重点化工企业的特殊性重视不够，有重发展轻安全倾向，未能有效监管相关部门和监督企业落实安全生产主体责任。

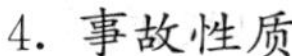

4. 事故性质

经调查认定，克尔公司“2・28”重大爆炸事故是一起因严重违反操作规程，擅自提高导热油温度，导热油泄漏着火后处置不当而引发的重大安全生产责任事故。

四、对事故责任单位和责任人员的处理建议

1. 建议追究刑事责任的人员

(1) ××，男，初中文化，克尔公司一车间主任。擅自改造导热油系统，擅自提高导热油加热器出口温度，擅自拆除反应釜温度计，野蛮操作，造成事故的发生，是事故直接责任者，在此次事故中负有直接责任，涉嫌重大责任事故罪。按照《中华人民共和国刑法》第一百三十四条之规定，应追究其刑事责任，鉴于其在此次事故中死亡，免于追究其刑事责任。

(2) ××，男，大学文化，中共党员，2005 年至今任克尔公司总经理，法定代表人。对公司的混乱状况疏于管理，未认真履行安全生产第一责任人的责任；项目投产后，未向有关部门提出变更申请，擅自决定改变生产工艺，将原料尿素变更为双氰胺；公司安全管理人员配备严重不足，管理混乱；对一车间严重违反工艺纪律、擅自调高重要工艺参数、突破设计规定安全极限的行为不予及时纠正，对克尔公司“2・28”重大爆炸事故的发生负有主要责任。依据《中华人民共和国刑法》第一百三十四条之规定，其涉嫌重大责任事故罪，已移交司法机关依法追究刑事责任。按照《生产安全事故报告和调查处理》第三十八条第三项和《国务院关于进一步加强企业安全生产工作的通知》(国发〔2010〕23 号) 第二十九条之规定，由省安全生产监督管理局处以 2011 年年收入 60%的罚款，计 12 万元，撤销危险化学品企业主要负责人安全资格证书，终身不得担任危险化学品企业主要负责人；5 年内不得担任任何生产经营单位的主要负责人。

(3) ××，男，大学文化，2011 年 4 月任克尔公司生产总监至今，负责公司生产、设备、维修管理等工作。未认真履行职责，对野蛮生产、严重违反工艺和操作规程、擅自提高工艺温度、盲目扩大产量等违规行为不予制止和纠正，对克尔公司“2・28”重大爆炸事故的发生负有主要责任。按照《中华人民共和国刑法》第一百三十四条之规定，其涉嫌重大责任事故罪，已移交司法机关依法追究刑事责任。

(4) ××，男，大学文化，2011 年 4 月任克尔公司安全总监至今，负责公司安全生产监督管理，包括安全管理制度制定、设备设施日常巡检、特种设备的报批报验等工作。对野蛮操作、随意调高工艺参数等违规行为不予制止和纠正，对重大安全隐患排查不到位，严重失职，对克尔公司“2・28”重大爆炸事故的发生负有主要责任。按照《中华人民共和国刑法》第一百三十四条之规定，其涉嫌重大责任事故罪，已移交司法机关依法追究刑事责任。

(5) ××，女，大学文化，2005 年 4 月任克尔公司总工程师至今，负责公司技术、工艺管理以及项目立项等工作。未认真履行职责，在总经理杨×的授意下，指使技术部经理黄×在项目验收时提供虚假材料；在明知以双氰胺替代尿素作原料，设备设施有区别的情况下，指示黄×统一公司内部口径，对外隐瞒真相；对公司技术管理混乱、违规操作等未尽到管理职责，对随意改动工艺、擅自调高工艺参数不予制止和纠正，对克尔公司"2·28"重大爆炸事故的发生负有主要责任。按照《中华人民共和国刑法》第一百三十四条之规定，其涉嫌重大责任事故罪，已移交司法机关依法追究刑事责任。

(6) ××，男，大学文化，2011年9月任克尔公司安全部经理至今，负责公司日常安全生产监督管理，包括安全管理制度制定、设备设施日常巡检、特种设备的报批报验等工作。未认真履行职责，对违规操作、随意调高工艺参数等违规行为制止不力，对重大安全隐患排查不到位，严重失职，对克尔公司"2·28"重大爆炸事故的发生负有主要责任。按照《中华人民共和国刑法》第一百三十四条之规定，其涉嫌重大责任事故罪，已移交司法机关依法追究刑事责任。

(7) ××，男，大学文化，2011年年初任克尔公司技术部经理至今，负责公司日常技术管理，包括文件制定、新产品研发、高新技术等工作。对导热油路改造、擅自拆除反应釜温度计、擅自调高工艺参数等重大技术隐患排查不力，对克尔公司"2·28"重大爆炸事故的发生负有主要责任。按照《中华人民共和国刑法》第一百三十四条之规定，其涉嫌重大责任事故罪，已移交司法机关依法追究刑事责任。

(8) ××，男，2010年8月任克尔公司设备部经理至今，负责公司设备管理工作。未认真履行职责，对导热油系统改造、导热油管路泄漏、拆除反应釜温度计等严重违规行为不予制止和纠正，对设备管理严重失职，对克尔公司"2·28"重大爆炸事故的发生负有主要责任。按照《中华人民共和国刑法》第一百三十四条之规定，其涉嫌重大责任事故罪，已移交司法机关依法追究刑事责任。

2. 建议给予党纪政纪处分和组织处理的责任人员

(1) ××，男，2011年3月任赵县安全生产监督管理局危化科副科长，主管危化企业日常监管工作，2012年2月任赵县安全生产监督管理局培训科科长。未发现克尔公司擅自改变生产工艺、新增导热油加热系统，未及时发现其一车间超量存放硝酸胍，未发现企业职工擅自拆除温度计及提高反应釜导热油温度高限，未及时发现该企业几次着火事故。安全隐患排查不彻底，日常监管不到位，对此负有直接责任。根据《安全生产领域违法违纪行为政纪处分暂行规定》第八条第五项之规定，建议给予行政撤职处分。

(2) ××，男，中共党员，2002年2月至2012年2月任赵县安全生产监督管理局危化科科长，负责危化企业安全监管工作。未发现克尔公司擅自改变生产工艺、新增导热油加热系统，未及时发现其一车间超量存放硝酸胍，未发现企业职工擅自拆除温

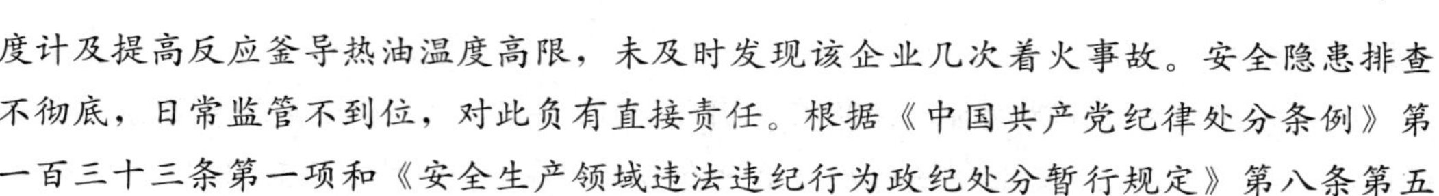

度计及提高反应釜导热油温度高限，未及时发现该企业几次着火事故。安全隐患排查不彻底，日常监管不到位，对此负有直接责任。根据《中国共产党纪律处分条例》第一百三十三条第一项和《安全生产领域违法违纪行为政纪处分暂行规定》第八条第五项之规定，建议给予党内严重警告、行政撤职处分。

(3) ××，男，中共党员，2009年9月至今任赵县安全生产监督管理局分管危化科工作的副局长，对克尔公司日常监管中存在的隐患排查不彻底、日常监管不到位问题负主要领导责任。根据《中国共产党纪律处分条例》第一百三十三条第一项和《安全生产领域违法违纪行为政纪处分暂行规定》第八条第五项之规定，建议给予党内严重警告、行政撤职处分。

(4) ××，男，中共党员，2010年12月至今任赵县安全生产监督管理局局长。对赵县安全生产监督管理局存在的隐患排查不彻底、日常监督检查不到位、教育培训监督检查不到位负重要领导责任。根据《安全生产领域违法违纪行为政纪处分暂行规定》第八条第五项之规定，建议给予行政记大过处分。

(5) ××，男，中共党员，2009年12月至今任赵县质量技术监督局稽查四队队长。在监督检查中，发现克尔公司硝酸胍未办理工业产品生产许可证，督促落实不到位，直至事故发生时仍未办理，对此负有直接责任。根据《中国共产党纪律处分条例》第一百三十三条第一项和《安全生产领域违法违纪行为政纪处分暂行规定》第八条第五项之规定，建议给予党内严重警告、行政撤职处分。

(6) ××，男，中共党员，2008年5月至2010年12月任赵县质量技术监督局副局长，2010年12月因乳康奶粉事件被行政撤职，2011年1月至今仍负责稽查二队、四队工作。对稽查四队发现克尔公司生产硝酸胍未办理工业产品生产许可证督促落实不到位负有一定责任。根据《安全生产领域违法违纪行为政纪处分暂行规定》第八条第五项之规定，建议给予行政记大过处分。

(7) ××，男，中共党员，2011年8月至今任南柏舍镇经贸办副主任、安监站成员。在监督检查中，未对克尔公司有关设备和材料进行检查，未发现其多次发生小事故。对克尔公司安全隐患排查不到位、督促落实安全生产责任制不到位负有一定责任。根据《中国共产党纪律处分条例》第一百三十三条第一项和《安全生产领域违法违纪行为政纪处分暂行规定》第八条第五项之规定，建议给予党内严重警告、行政降级处分。

(8) ××，男，中共党员，2004年3月至今任南柏舍镇经贸办主任兼任安监站站长（正科级）。在监督检查中，未对克尔公司有关设备和材料进行检查，未发现其多次发生小事故。对克尔公司安全隐患排查不到位、督促落实安全生产责任制不到位负主要领导责任。根据《中国共产党纪律处分条例》第一百三十三条第一项和《安全生产领域违法违纪行为政纪处分暂行规定》第八条第五项之规定，建议给予党内严重警告、

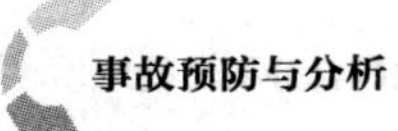

行政降级处分。

(9) ××，男，中共党员，2008年3月至2012年2月21日任南柏舍镇镇长、副书记，2012年2月21日至今任南柏舍镇党委书记。在2008年3月至2012年2月21日任镇长期间，负责镇政府全面工作，对镇安监站存在的问题负有重要领导责任。根据《安全生产领域违法违纪行为政纪处分暂行规定》第八条第五项之规定，建议给予行政记大过处分。

(10) ××，男，中共党员，2011年6月至今任赵县县委常委、政府副县长，主管全县安全生产工作，分管县安全生产监督管理局、县质量技术监督局，对克尔公司、县安全生产监督管理局、县质量技术监督局存在的问题负有主要领导责任。根据《安全生产领域违法违纪行为政纪处分暂行规定》第八条第五项之规定，建议给予行政记过处分。

(11) ××，男，中共党员，2010年2月至今任赵县县长。对事故发生负有一定领导责任。由石家庄市纪委监察局对其进行诫勉谈话。

3. 对事故责任单位的行政处罚建议

克尔公司。擅自变更生产工艺、改造放料和导热油系统；擅自提高导热油加热器出口温度设定高限；安全生产责任不落实，管理混乱，生产组织严重失控；安全生产培训时间不够、人员得不到保障；培训质量达不到要求；操作人员专业知识低，隐患排查不彻底。对“2·28”重大爆炸事故的发生负有责任。依据《生产安全事故报告和调查处理条例》第三十七条第三项、第四十条之规定，建议由省安全生产监督管理局处以199万元罚款、依法吊销危险化学品生产企业安全生产许可证。

对克尔公司建设项目一期工程的设计单位河北渤海设计有限公司和竣工验收安全评价单位河北华飞科技咨询有限公司由省安全生产监督管理局依照相关规定给予处罚。

4. 责成赵县人民政府向石家庄市人民政府写出深刻书面检查。

五、防范措施及整改建议

1. 开展危险化学品生产企业安全生产专项整治

针对河北省2009年以来首次取得危险化学品生产企业安全生产许可证的企业，涉及重点监管的危险化学品、重点监管的危险化工工艺及构成重大危险源的危险化学品生产企业，全面开展专项整治活动。组织专家全面检查企业工厂布局、生产工艺技术、设备设施、自动化控制水平的安全可靠性，全面检查企业管理机构设置、安全管理人员配备、人员素质、安全管理责任制度、操作规程落实的满足性。特别是对涉及爆炸性危险化学品的企业，彻底排查企业防火防爆防雷防静电条件。对未经许可擅自改变原料、产品的，擅自改变工艺、设备的，擅自变更工艺指标的，超能力组织生产的，一律责令其停产整顿，并暂扣其安全生产许可证。对责令停产整顿的企业拒不实施停产的，一律由当地政府予以关闭。治理和纠正企业安全生产违规违章行为，推动企业

安全生产主体责任和政府安全监管主体责任的落实，有效防范同类事故的发生。

2. 提高危险化学品行业准入门槛

政府和相关部门要严格按照《危险化学品生产企业安全生产许可证实施办法》（国家安全监管总局令第 41 号）、《危险化学品建设项目安全监督管理办法》（国家安全监管总局令第 45 号）规定从严控制危险化学品项目和企业的设立，全面提升行业准入条件，提高行业整体安全水平。企业生产工艺、设备设施及联锁控制、外部条件、安全距离、平面布局、人员配备等安全生产条件应高于规定要求。新建危险化学品建设项目必须进入化工园区，未进园区的，发改部门不予审批、核准或备案，规划部门不予出具规划许可意见；把爆炸性危险化学品纳入重点监管范围，涉及危险化工工艺、重点监管危险化学品生产装置未实现自动化控制的，大型高度危险装置未装设紧急停车系统的，一律不予安全许可；立即组织开展现有企业安全设计诊断，对现有企业未经过正规设计的在役化工装置布局、工艺技术及流程、主要设备和管道、自动化控制、公用工程等进行设计复核，督促企业全面整改。对现有安全设施存在明显缺陷，到期未完成整改的，坚决责令停产整改。加强设计、施工、监理、安全评价等项目相关单位的管理，严格审查项目工艺技术的安全可靠性，全面系统论证项目安全设计内容，提高项目建设质量和企业本质安全水平。对不负责任、弄虚作假的相关单位，依法予以严肃处理。

3. 切实加强企业安全管理

企业要按照相关法律法规、标准和规范性文件的规定和要求，结合自身安全生产特点，制定适用的安全生产规章制度、安全生产责任制度和安全操作规程，加强安全管理。一是建立健全安全、生产、技术、设备等管理机构，足额配备具有化工或相关专业知识的管理人员，在车间设置专兼职安全管理人员。二是建立健全安全生产责任体系，严格落实主要负责人、分管负责人以及各职能部门、各级管理人员和岗位操作人员的安全生产责任。三是依据国家标准和规范，针对工艺、技术、设备设施特点和原材料、产品的特性，不断完善操作规程。四是制定并严格执行变更管理制度，对工艺、设备、原料、产品等变更，严格履行变更手续。五是合理组织生产，严禁超能力生产，严格按相关规定和物质特性确定生产场所原料、产品的滞留量，做到原料随用随领，产品随时运走。六是加强对设备设施的日常维护保养和检验检测，确保设备设施完好有效、运行可靠。七是严禁边生产边施工建设，对确实不能避免的，要采取有效的安全防范措施，严格控制施工人员数量，确保生产、施工人员安全。

4. 全面提高从业人员专业素质

严控从业人员准入条件，强化培训教育，提高从业人员素质。提高操作人员准入门槛，涉及“两重点一重大”（重点危险化工工艺、重点监管危险化学品、重大危险源）的装置，要招录具有高中以上文化程度的操作人员、大专以上的专业管理人员，确保从业人员的基本素质；要持续不断地加强员工培训教育，使其真正了解作业场所、工作岗位存在的危险有害因素，掌握相应的防范措施、应急处置措施和安全操作规程，切实增强安全操作技能。

5. 深入排查治理事故隐患

企业要建立长期的隐患排查治理和监控机制，组织各职能部门的专业人员和操作人员定期进行隐患排查，建立事故隐患报告和举报奖励制度，鼓励从业人员自觉排查、消除事故隐患，形成全面覆盖、全员参与的隐患排查治理工作机制，使隐患排查治理工作制度化、常态化，做到隐患整改的措施、责任、资金、时限和预案“五到位”，确保事故隐患彻底整改。要加强安全事件的管理，深入分析涉险事故、未遂事故等安全事件的内在原因，制定有针对性的整改措施，防患于未然，把事故消灭在萌芽状态。

6. 全面加强危险化学品安全监管工作

各级政府要建立健全危险化学品安全监管工作协调机制，支持、督促负有危险化学品安全监管职责的有关部门依法履行职责，全面落实政府安全监管责任。各职能部门要进一步加强监管队伍建设，全面提升监管水平，针对危险化学品企业的危险特性和专业技术要求，配备具有大专以上化工专业学历的人员，对涉及“两重点一重大”的危险化学品企业实行定期监督检查，及时发现和解决企业在生产、发展中存在的突出问题。

二、重大水害事故调查报告

××煤业有限责任公司“9·28”重大水害事故调查报告

××××年9月28日3时许，××煤业有限责任公司（以下简称××煤业公司）东翼回风大巷掘进工作面发生一起重大透水事故，造成10人死亡，直接经济损失1 756万元。

事故发生后，国家安全监督管理总局、国家煤监局、省委、省政府对事故抢险救援工作高度重视，要求全力以赴抢救被困人员。国家煤监局、省政府及省有关部门领导亲临现场指挥、协调抢险救援工作。经过全体抢险人员10个昼夜的艰苦奋战，成功救出2名被困矿工。

依据国家有关法律法规，并报经山西省人民政府同意，山西煤矿安全监察局会同省监察厅、公安厅、总工会、安监局、煤炭厅于10月9日成立了“××煤业有限责任公司‘9·28’重大水害事故联合调查组”，邀请山西省人民检察院并聘请有关专家参与事故调查。

事故调查组按照“四不放过”和“科学严谨、依法依规、实事求是、注重实效”

的原则，经过现场勘察、调查取证和技术鉴定分析等工作，查清了事故发生的经过和原因，认定了事故性质，提出了对有关责任人员、责任单位的处理建议和事故防范措施。现将调查情况报告如下。

一、事故单位概况

1. 山西焦煤（集团）有限责任公司概况

山西焦煤（集团）有限责任公司（以下简称山西焦煤）成立于2001年10月，共有山西焦煤汾西矿业（集团）有限责任公司、西山煤电（集团）有限责任公司等21个子分公司。集团本部设有安全生产监督管理局、生产技术部等22个部室和焦化产业发展局等7个直属单位。集团公司下属有101座煤矿，其中资源整合煤矿67座。

2. 山西焦煤汾西矿业（集团）有限责任公司概况

山西焦煤汾西矿业（集团）有限责任公司（以下简称汾西矿业）隶属于山西焦煤，其前身为汾西矿务局，成立于1956年1月，2001年10月加盟山西焦煤集团有限责任公司，2005年12月，由山西焦煤集团有限责任公司、中国信达资产管理公司、中国华融资产管理公司、中国建设银行股份有限公司共同出资重组为山西焦煤汾西矿业（集团）有限责任公司。公司资产总额461亿元，职工44 855人。

汾西矿业共有65个生产建设经营单位，公司本部设有地质测量处、安监局、基建处等38个职能处室。下属煤矿36座，其中资源整合煤矿26座。36座煤矿中有10座生产矿井，16座基建矿井，10座停建、缓建矿井。

3. ××煤业有限责任公司概况

(1) 矿井基本情况

××煤业公司位于吕梁汾阳市，建设矿井，国有控股企业，汾西矿业占51%股份，山西金晖煤焦化工有限公司占49%股份，属瓦斯矿井。

2009年9月18日，山西省煤矿企业兼并重组整合工作领导组办公室以《关于吕梁市汾阳市煤矿企业兼并重组整合方案的批复》（晋煤重组办发〔2009〕43号）批准原山西杨家庄安源煤业有限公司、山西杨家庄金泰和煤业有限公司、山西杨家庄煤业有限公司、山西汾阳安兴煤业有限公司和山西汾阳金平煤业有限公司五座煤矿整合为一座煤矿，整合后矿井名称为“××煤业有限责任公司”，整合主体为山西焦煤，批准能力90万t/年，整合后井田面积8.357 2 km^2，开采2～11＃煤层，由汾西矿业开发建设。

(2) 矿井建设项目审批情况

2010年11月，山西省煤炭工业厅以“晋煤规发〔2010〕1388号文”批复了山西地宝能源有限公司编制的《××煤业有限责任公司兼并重组整合矿井地质报告》。

2011年1月，山西省煤炭工业厅以“晋煤办基发〔2011〕133号文”对山西约翰芬雷华能设计工程有限公司编制的《××煤业有限责任公司矿井兼并重组整合项目初步设计》进行了批复。

2011年4月，吕梁煤矿安全监察分局以“吕煤监察字〔2011〕60号文”对山西约翰芬雷华能设计工程有限公司编制的《××煤业矿井兼并重组整合项目初步设计安全专篇》进行了批复。

2011年7月，山西省煤炭工业厅以“晋煤办基发〔2011〕1061号文”批准××煤业公司建设项目开工建设，建设工期16个月。

2012年4月，因该矿利用施工措施井（整合前金平煤业主立井和回风立井）擅自组织生产出煤被查处，山西省煤炭工业厅于2012年5月以“晋煤办基发〔2012〕411号文”撤销了该矿开工报告。

2012年11月，山西省煤炭工业厅以“晋煤办基发〔2012〕1553号文”对××煤业公司重新开工建设进行批复，同意该矿于2012年11月重新开工建设，建设工期24个月。

(3) 矿井证照情况

《采矿许可证》证号：C1400002009121220051024，有效期至2032年12月27日，生产规模90万t/年，采矿权人为××煤业有限责任公司。

《企业法人营业执照》证号：140000115994871，有效期至2018年3月6日，企业名称为××煤业有限责任公司，法定代表人为樊俊杰。

(4) 矿井“六长”情况

矿长，樊俊杰，《煤矿矿长资格证》编号：MK141300276，《安全资格证书》编号：第13114011300008号，有效期至2016年4月26日。

生产副矿长，宋承辉，《安全资格证书》编号：第13014021300135号，有效期至2016年5月31日。

机电副矿长，张兆一，《安全资格证书》编号：第11014021300570号，有效期至2014年11月11日。

矿长助理、通风区区长，赵建盛，《安全资格证书》编号：第12114021300835号，有效期至2015年7月20日。

矿井未配备安全副矿长和总工程师，矿井安全工作由矿长助理、通风区区长赵建盛兼管，技术业务工作由生产副矿长宋承辉兼管。

(5) 矿井初步设计概况

开拓方式：矿井采用立井、斜井混合开拓方式，共设置主斜井、副立井、回风立井三个井筒：新掘主斜井作为矿井的主提升井，设计长度889 m，倾角20度；改造利用原金平煤业副立井作为矿井的副立井；改造利用原金泰和煤业的主立井作为矿井回风立井。

提升运输系统：主斜井装备一部皮带输送机，担负矿井提煤任务。副立井提升选用 JKMD－1.85×4 型落地式四绳摩擦轮提升机，用作下料、提矸、升降人员等。井下运输大巷采用胶带输送机运输，辅助运输采用无极绳连续牵引车运输。

通风系统：矿井通风方式采用中央分列式，机械抽出式通风，主斜井、副立井进风，回风立井回风。

排水系统：主排水泵房设在井底车场，选用 3 台 MD450－60×5 型矿用耐磨排水泵，电机功率 630 kW。沿主斜井敷设 2 趟 D325×9 排水管路。

供电系统：在工业广场新建一座 35 kV 变电所，双回路电源引自新阳变电所 35 kV 不同母线段。选用两回 MYJV32－8.7/103×120 型矿用电缆由地面变电所沿主斜井至井下中央变电所。

(6) 工程进展情况

截至事故发生时，矿井约完成设计井巷总工程量的 15%。

主斜井设计长度 889 m，已施工 750 m。

回风立井设计延伸 64.6 m，已完工。

副立井井底车场设计工程量 160 m，已施工 120 m。

总回风大巷设计工程量 122 m，已施工 100 m。

通风行人巷设计工程量 540 m，已施工 120 m。

东翼回风大巷（事故发生巷）设计长度 747 m，已掘进 642 m。

(7) 矿井目前各主要系统情况

目前，矿井各系统尚未按设计形成，均为施工用临时系统。

矿井现有 5 个井筒：正在施工的主斜井、原金平煤业副立井、原金泰和煤业主立井和原金平煤业主立井、回风立井两个措施井。

正在施工的主斜井独立形成一个系统，局部通风机通风，斜井单钩箕斗提升，提升机型号为 JK－2.5M，电机功率 580 kW。

利用原金泰和煤业主立井进行施工作业的区域独立形成一个系统，局部通风机通风，立井带乘人间双箕斗提升，提升机型号为 2JK－3.0，电机功率 400 kW。

原金平煤业主立井、副立井、回风立井构成一个系统（原金平煤业生产系统），东翼回风大巷掘进面是利用该系统进行施工作业的一个作业点，具体情况如下。

通风系统：通风方式为中央并列式，机械抽出式通风。主要通风机型号为 FBC-NO16/B，电机功率 55 kW，配备有同型号、同功率的备用通风机一台。主立井、副立井进风，回风立井回风，矿井总进风量 1 855 m^3/min，总回风量 1 957 m^3/min。

提升运输系统：主立井采用单钩带乘人间箕斗提升方式，担负矿井的原煤提升、材料下放和人员升降任务，提升机型号为 JK－3×2.2/30E，电机功率 630 kW。

供电系统：矿井供电电源为双回路供电，分别引自栗家庄 35 kV 变电站和平路 35 kV 变电站，入井电压为 10 kV。

排水系统：中央水泵房设在副立井井底，有主副两个水仓，水仓总容量 1 560 m^3，安装 D85－67×6 型离心式水泵 2 台和 D85－45×8 型离心式水泵 1 台，沿副立井井筒安装 ϕ114 mm 管路两趟，排水高度 300 m。

安全检测监控系统：系统型号为 KJ70N，地面中心站装备两套主机，一套使用，另一套备用。

通信联络系统：装备一套 HRD－512C 型数字程控调度通信系统，供井上下各作业点、各岗位的调度指挥与通信使用。

未装备人员定位系统、压风自救系统、供水施救系统、紧急避险系统。

（8）事故区域概况

事故发生在东翼回风大巷，该巷道布置在 9#、10#、11# 煤层中，于 2011 年 11 月开始施工，起始于轨道下山末端，设计长度 747 m，事故发生时已掘进 642 m，锚索、锚杆、喷浆联合支护，为机轨合一巷，左侧铺设皮带，右侧铺设轨道。该巷道施工初期采用炮掘作业方式，事发前采用综掘机作业。

该矿为整合矿井，井田范围内过去小煤窑开采严重，大小井筒有 59 个，井田西部有 40 余处历史以来采挖的小窑口，根据《××煤业有限责任公司兼并重组整合矿井地质报告》，事故区域上部 2# 煤已采空，3#、4# 煤部分采空，事故区域东部、西部 9#、10#、11# 煤已采空。

（9）矿井探放水情况

2012 年 7 月，山西焦煤以“山西焦煤发〔2012〕610 号文”批准了山西省第三地质工程勘察院编制的《××煤业有限责任公司矿井水文地质类型划分报告》，矿井水文地质类型为复杂。

2012 年 12 月，山西省煤炭地质物探测绘院施工并编制了《××煤业有限责任公司采空区及采空积水区范围地面电法勘探报告》，截至事故发生时，该报告尚未审批通过。

由于××煤业公司原整合矿井采空区积水条件不确定，2013 年 6 月，××煤业公司委托中国煤炭地质总局第四水文地质队编制完成了《××煤业有限责任公司巷道掘进及采空区探放水设计》，汾西矿业经审查批准该设计。设计明确了采用主斜井揭露 9#、10#、11# 煤层后对 9#、10#、11# 煤采空区积水进行探放水的方法、步骤、钻孔布置等内容。

东翼回风大巷探放水工作未执行批准的采用主斜井揭露 9#、10#、11# 煤层后对 9#、10#、11# 煤采空区积水进行探放水的方式，实际探放水工作由建设方和施工方在东翼回风大巷掘进中以超前探放水的方法进行。建设方负责编制东翼回风大巷总体探放水设计，施工方负责编制每次探放水施工时的钻孔设计及安全技术措施并交由矿方审批，之后由施工方实施探放水钻孔作业，探水作业完成后由探水队、地测部门、安

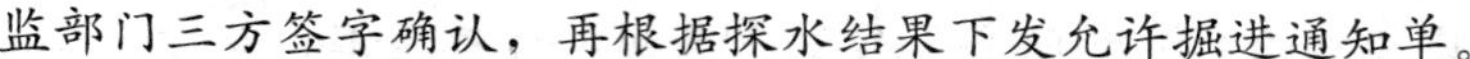

监部门三方签字确认，再根据探水结果下发允许掘进通知单。

2013 年 1 月××煤业公司编制的《××煤业有限责任公司东翼回风大巷探放水设计》指出："根据有关地质钻孔资料及巷道周边的采掘活动情况分析，东翼回风大巷在开口往里 500～714 m 地段确定为采空区"（东翼回风大巷在事故发生时实际掘进 642 m，已进入该采空区范围内），"在钻探采空区或圈定'三线'探测区域时，探放水钻孔必须采用深孔、中深孔和浅孔相结合的原则"，并规定探放水钻孔最少布置 6 个。

2013 年 9 月 12 日施工单位编制的《东翼回风大巷探放水施工安全技术措施》中设计探放水钻孔 3 个。

实际东翼回风大巷掘进期间采用物探与钻探相结合的探水方式，最后一次物探、钻探时间为 2013 年 9 月中旬，物探、钻探均未发现积水异常。现场勘查时在现场只看到 1 个探水钻孔，钻孔实际进尺 49.75 m（最后一次钻探后巷道实际进尺 49.5 m）。最后一次探放水签字确认均为施工方人员，未执行"探水队、地测部门、安监部门三方签字确认"的规定。

（10）施工组织情况

2011 年 4 月后，××煤业公司建设项目经招投标、议标等程序，分别由十四冶建设集团云南矿业工程有限公司、山东兖矿新陆建设发展有限公司（以下简称兖矿新陆公司）、四川煤矿基本建设工程公司、河南煤炭建设集团有限责任公司、××中煤建设有限责任公司等单位负责承建。

回风立井延伸及总回风巷施工单位为十四冶建设集团云南矿业工程有限公司。该公司具有矿山工程施工总承包二级资质，证书编号：A2074053000001－4/4，安全生产许可证号：（云）JZ 安许证字〔2005〕010027－3/4，营业执照注册号：53000000011873，法定代表人为邬煜。

主斜井掘砌工程施工单位，在当年 1 月前分别为河南煤炭建设集团有限责任公司（中标单位）和经议标确定的××中煤建设有限责任公司。当年 1 月，××中煤建设有限责任公司因完不成进尺任务被清退。随后××煤业公司决定引入兖矿新陆公司施工至事发，当年 6 月对该项工程补办了招标手续。兖矿新陆公司具有矿山工程施工总承包一级资质，证书编号：A1074037088302－6/1，安全生产许可证编号：（鲁）JZ 安许证字〔2008〕180679－02，企业法人营业执照注册号：370000228063878，法定代表人为陈嘉。

东翼、西翼回风大巷工程初期施工中标单位为四川煤矿基本建设工程公司，该公司具有矿山工程施工总承包一级资质，证书编号：A1011051010504－9/9，公司安全生产许可证号：（川）FM 安许证字［2010］7341，营业执照注册号：530000000158010，法定代表人为洋卓卫。2013 年 4 月，东翼回风大巷掘进至 99.5 m 处时，因装备、技术等原因，该公司申请放弃施工，双方中止合同。2013 年 5 月，经××煤业公司股东会同意，由承建主斜井掘砌工程的兖矿新陆公司接管东翼回风大巷施工，双方至今未签订施工合同。

(11) 监理情况

经招投标，××煤业公司建设工程由石家庄新世纪建设监理有限公司中标负责监理工作。在2011年3月双方签订的监理合同中，未明确东翼回风大巷在监理项目中，监理单位未对东翼回风大巷派出监理人员。该公司具有矿山工程监理甲级资质，证书编号：E113005131－4/4，营业执照注册号：130100000073844，法定代表人：史振平。

二、事故经过及抢险救援情况

1. 事故经过

2013年9月27日23时许，兖矿新陆公司综掘队队长吴学相、带班长谢忠宁（事故中死亡）组织零点班在东翼回风大巷作业的工人召开班前会，对当班工作进行安排。23时30分，工人开始陆续入井。28日零时左右，东翼回风大巷作业人员到达工作面，司机胡建兴（事故中死亡）启动综掘机开始割煤，推进0.8 m进尺后，停止割煤，工人开始打顶锚杆。就在工人打锚杆的过程中，正在掘进机机尾处清理浮煤的朱邦奎、张荣飞（二人生还）发现锚杆钻孔有水冒出，水量较大且发臭、发红。过了20多分钟，钻孔出水变小了，带班长谢忠宁安排司机重新启动综掘机，综掘机在巷道底部割了一刀没有异常，然后在中部继续截割，这时，张荣飞看到工作面迎头顶部有大块煤掉落，同时听到一声闷响，一股水突然涌出，透水事故发生，当时为28日3时许。

事故发生时，井下共有42人，其中东翼回风大巷20人，通风行人巷9人，另有13人为信号工、排水工、皮带司机等，事故发生后30人安全升井，12人被困井下。

28日凌晨3时10分，施工单位向矿调度室报告东翼回风大巷透水，3时15分，汾西矿业接到××煤业公司的事故报告，随即按规定逐级向上级有关部门进行了报告。

事发当班××煤业公司跟班矿领导为行政副矿长何万甫，事发时在主斜井工作面。兖矿新陆公司××项目部当班没有领导带班下井。

2. 抢险救援情况

事故发生后，山西焦煤、汾西矿业两级集团公司领导立即赶赴现场，认真贯彻落实上级领导的指示精神，成立抢险救援指挥部，设立抢险救援、技术、物资保障、资料、后勤、医疗救护、宣传报道、公安保卫、善后处理、综合协调十个工作小组，迅速展开抢险救援工作。

抢险救援指挥部根据事故现场实际情况，确定了井下排水、地面打钻、井下打钻及井下小断面掘巷三套抢险救援方案，三套方案同时实施、同步推进。抢险过程中，针对随时出现的新情况、新问题及时调整抢险救援方案，科学施救，确保了抢险救援工作的顺利推进。

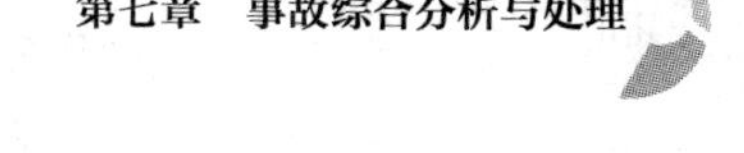

经过10个昼夜的艰苦奋战，抢险人员于10月8日12时30分找到最后一名遇难人员，抢险救援工作结束。12名被困人员中，2人成功获救，10人遇难。

三、监管情况

汾西矿业对矿井的安全监管实行“五人小组”“挂牌责任人”“每季度会诊”等制度，山西焦煤在2013年年初明确“集团公司重点监管高瓦斯和突出矿井，子公司重点监管有突水危险、自燃发火倾向等其他煤矿”。今年以来，汾西矿业、山西焦煤有关部门对该矿先后检查过13次，检查发现该矿“六长”配备不齐、未按要求设立专门地测机构、探放水钻孔记录验收未建立台账、工作面淋水大、特殊工种探放水无证、井下钻机无备用量等诸多隐患，要求限期整改。2012年4月，省专项行动第八督察组在对该矿夜查时发现该矿利用施工措施井和后期利用的回风井擅自组织生产，对其停建7个多月。2013年8月11日，省煤炭基建局就整合改造矿井施工措施井是否已按要求拆除了措施井的运输提升设施，是否仅服务于施工期间的通风和排水等进行检查，但其问题未得到有效整改，仍存在违规使用措施井提升出煤问题。2013年8月23日，针对该矿安全管理不到位等问题，汾西矿业检查组曾责令该矿停止井下基建作业。

四、事故原因和性质

1. 直接原因

该矿东翼回风大巷掘进过程中未严格执行《煤矿防治水规定》，在超过允许掘进距离的情况下继续掘进，导致煤壁不能承受小煤窑采空区积水压力，造成煤壁坍塌发生透水。

2. 间接原因

(1) 职工安全意识淡薄，水害辨识、防治能力差

事发前支护工在打锚杆时钻孔已出现较大水流，且水发臭、发红，现场作业人员在出现透水征兆的情况下未引起足够重视，及时采取停止施工、撤出人员等有效措施，而是在水流变小后启动综掘机继续掘进。

(2) 未严格执行《煤矿防治水规定》

矿井防治水机构不健全，防治水专业技术人员配备不足；在事发巷道地质构造发生变化后，未及时调整探放水设计；东翼回风大巷的掘进和探放水工作均由施工方负责，违反“探、掘主体分离”的防治水规定；探放水工作从设计到执行层层打折扣，探放水现场验收制度不落实；未严格执行《××煤业有限责任公司东翼回风大巷探放水设计》，将原设计方案双排6个钻孔改为单排3个水平钻孔；事发前最后一次探水钻孔长度为49.75 m，而实际掘进距离49.5 m，严重违反“探放老空积水最小超前水平钻距不得小于30 m”的规定。

(3) 矿井建设项目管理混乱

建设单位项目管理机构不健全，“六长”配备不全，无地测防治水副总工程师；矿

井建设未按重新批准的开工报告实施，违规使用措施井提升出煤；建设、施工、监理各方职责不明，相互“扯皮”；监理合同未明确对东翼回风大巷的监理，东翼回风大巷形成监理盲区；施工单位出借资质，施工队伍变更频繁；事发巷道工程建设未经招标，未与施工方签订合同。

（4）执法不严，监管不力

“五人小组”“挂牌责任制”“包保责任制”流于形式，未真正发挥监管作用；汾西矿业、山西焦煤今年以来虽多次对该矿进行检查，但对发现的问题、存在的安全隐患督促整改不力；省煤炭厅基建局在2013年8月对该矿督察时，对该矿利用措施井违规提升出煤查处不力。

3. 事故性质

调查认定：××煤业有限责任公司“9·28”重大水害事故是一起责任事故。

五、责任认定及处理建议

1. 司法机关已采取措施人员

（1）××，男，汉族，1963年7月生，福建省福鼎市人，兖矿新陆公司××煤业项目部施工队带班班长，事故中已死亡。

因其在事故中死亡，不予追究。

（2）××，男，汉族，1978年8月生，浙江省泰顺县人，兖矿新陆公司××煤业项目部施工队队长。

2013年11月13日，因涉嫌重大责任事故罪被公安机关刑事拘留。

（3）××，男，汉族，1962年9月生，山东昌邑人，1985年7月参加工作，中共党员，大学学历，2010年7月任山东矿机集团股份有限公司总经理兼榆林市天宁矿业服务有限公司（山东矿机集团控股）总经理。

2013年10月20日，因涉嫌重大责任事故罪被公安机关刑事拘留。

（4）××，男，汉族，1977年3月生，山西省汾阳市人，1998年1月参加工作，群众，大专学历，2013年4月至今任××煤业公司工程部生产技术管理办主管。

2013年10月26日，因涉嫌重大责任事故罪被公安机关刑事拘留。

（5）××，男，汉族，1984年1月生，山西省交城县人，2001年8月参加工作，中共党员，大专学历，2013年4月至今任××煤业公司工程部生产技术管理办主管。

2013年10月20日，因涉嫌重大责任事故罪被公安机关刑事拘留。

（6）××，男，汉族，1968年11月生，山西省汾阳市人，1989年8月参加工作，中共党员，大专学历，2009年12月至2012年4月任××煤业总工程师，2012年4月至今任××煤业公司副经理，负责生产和技术工作。

2013年10月20日，因涉嫌重大责任事故罪被公安机关刑事拘留。

以上人员待司法机关作出处理后，按干部（职工）管理权限，及时按规定给予其党纪政纪处分或作出其他处理。

2. 建议给予党纪政纪处分或作出其他处理的人员

(1) 兖矿新陆公司人员

1) ××，男，汉族，1955年11月生，山东滕州人，1983年参加工作，中共党员，中专学历，2013年3月到兖矿新陆公司××煤业项目部工作，协助曲天智负责项目部日常管理工作（非兖矿新陆公司员工）。作为项目部日常管理工作的负责人，无安全管理人员资格证；项目部管理混乱，审核《东翼回风大巷探放水施工安全技术措施》不认真，违规代签审批意见；对东翼回风大巷水文地质情况、采空区积水不掌握，对这起事故负有主要领导责任。

建议：给予留党察看两年处分，解除××煤业项目部负责人职务。

2) ××，男，汉族，1966年11月生，山东昌乐县人，1990年7月参加工作，中共党员，大学学历，2013年3月被兖矿新陆公司任命为兖矿新陆汾西××煤业主斜井掘砌工程项目部安全副经理（非兖矿新陆公司员工）。作为项目部安全副经理，无安全管理人员资格证；对探放水措施审核不严格、对探放水作业安全监督检查不到位；对工人管理不能严格实行“四个百分之百”，对这起事故负有主要领导责任。

建议：给予留党察看两年处分，解除××煤业项目部安全副经理职务。

3) ××，男，汉族，1979年12月生，山东肥城人，2007年10月参加工作，中共党员，大学学历，2013年8月被兖矿新陆公司任命为兖矿新陆汾西××煤业主斜井掘砌工程项目部技术副经理（非兖矿新陆公司员工）。作为项目部技术副经理，不按照探放水设计要求、未按有关水文地质资料编制《东翼回风大巷探放水施工安全技术措施》，对这起事故负有主要领导责任。

建议：给予留党察看两年处分，解除××煤业项目部技术副经理职务。

4) ××，男，汉族，1965年1月生，河北省唐山市人，1985年8月参加工作，群众，硕士研究生学历，2013年3月被兖矿新陆公司任命为兖矿新陆汾西××煤业主斜井掘砌工程项目部生产副经理，2013年8月又被任命为该项目部质量副经理（非兖矿新陆公司员工）。作为项目部生产副经理、质量副经理，无安全管理人员资格证；审核《东翼回风大巷探放水施工安全技术措施》不严格，对这起事故负有主要领导责任。

建议：解除××煤业项目部生产副经理、质量副经理职务。

5) ××，男，汉族，1969年5月生，安徽淮南市人，1990年8月参加工作，中共党员，研究生学历，2002年6月至今任兖矿新陆建设发展有限公司副总经理。作为兖矿新陆公司分管经营的副总经理，对公司施工资质管理不到位，致使存在收取手续费出借施工资质的事实；对××煤业工程项目只按2.6%收取管理费，未履行管理职责。

建议：给予党内严重警告、撤职处分。

6）××，男，汉族，1955年10月生，山东省日照市人，1973年9月参加工作，中共党员，大学学历，2006年9月任兖矿新陆建设发展有限公司党委书记、董事长兼总经理。作为兖矿新陆公司董事长、公司法定代表人、党委书记兼总经理，对公司施工资质管理不到位，致使存在收取手续费出借施工资质的事实；对××煤业工程项目只按2.6%收取管理费，未履行管理职责。

建议：给予党内严重警告、降级处分。

（2）××煤业公司人员

1）××，男，汉族，1971年9月生，山西省汾阳市人，1993年7月参加工作，中共党员，大专学历，2013年4月至今任××煤业公司综合部生产管理办主管。作为××煤业公司负责安全工作的部门负责人，未及时发现东翼回风巷存在的安全隐患，未严格督促施工单位按探放水安全技术措施进行作业，深入现场检查不够，对发现的隐患督促整改不力。履行职责不到位，对这起事故负有主要管理责任。

建议：给予留党察看一年、留用察看处分。

2）××，男，汉族，1977年8月生，山西省汾阳市人，2001年8月参加工作，中共党员，大学学历，2009年12月至今任××煤业公司经理助理兼通风区区长，2013年4月至今分管安全工作。作为××煤业公司负责安全工作的经理助理兼通风区区长，未认真履行职责，组织开展安全隐患排查不到位，防治水隐患排查工作不严、不细，督促施工单位整改隐患不力，未及时发现东翼回风巷探放水方面存在的安全隐患，未按规定要求配备安全员，对施工队现场管理不落实。对这起事故负有主要管理责任。

建议：给予留党察看一年、留用察看处分。

3）××，男，汉族，1973年5月生，河南省浚县人，1994年9月参加工作，中共党员，大专学历，2012年5月任××煤业公司党委书记、经理，2013年4月至今任××煤业公司党委书记、董事长兼经理，是安全生产第一责任人。未严格执行探放水制度，未按要求成立专职的探放水队伍实行“探掘分离”；对探放水安全措施的编制及实施要求不严、安排不细；落实上级单位对公司的安全检查指令不到位；在对施工单位的监督管理中，督促安全隐患整改、工人安全教育培训不力，疏于对施工现场的管理。对这起事故负有主要管理责任。

建议：给予留党察看一年、留用察看处分，免除××煤业公司董事长、经理职务。并处罚款人民币19万元（上年度收入的60%），吊销其矿长资格证、矿长安全资格证，终身不得再担任煤矿的矿长（董事长、总经理）职务。

（3）汾西矿业集团公司人员

1）××，男，汉族，1959年10月生，山西省孝义市人，1977年5月参加工作，中共党员，大专学历，2010年6月至今任汾西矿业集团公司安全监察局、安全生产监

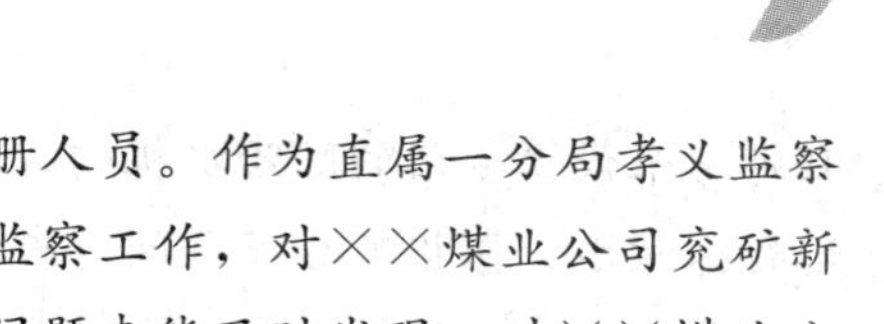

督管理局直属一分局孝义监察处处长，企业正式在册人员。作为直属一分局孝义监察处处长，负责××煤业公司等整合矿井的日常安全监察工作，对××煤业公司兖矿新陆公司项目部负责人长期不在岗、工程管理混乱等问题未能及时发现，对××煤业公司存在的未设立专门的安监和地测、防治水机构，未建立专门的探放水专业队伍等重大安全隐患未采取有效措施，安全监管流于形式，履职不到位，对这起事故负有重要责任。

建议：给予党内严重警告、撤职处分。

2）××，男，汉族，1963年8月生，山西省灵石县人，1985年8月参加工作，中共党员，大专学历，2012年6月至今任汾西矿业集团公司安全监察局、安全生产监督管理局直属一分局局长，企业正式在册人员。作为直属一分局局长，负责××煤业等整合矿井的日常安全监察工作，未严格执行安全例会制度，未建立安全隐患排查台账；对检查中发现××煤业公司存在的“六长”不全，未设立专门的安监和地测、防治水机构，未建立专门的探放水专业队伍，未对隐患排查进行有效闭合管理，隐患排查不彻底，对这起事故负有重要责任。

建议：给予党内严重警告、降级处分。

3）××，男，汉族，1957年4月生，山西省盂县人，1972年12月参加工作，中共党员，大学学历，2009年7月至今任汾西矿业集团公司副总工程师，安全监察局、安全生产监督管理局第一副局长，企业正式在册人员。作为汾西矿业集团公司副总工程师，安全监察局、安全生产监督管理局第一副局长，全面负责安监局日常业务管理工作，对直属一分局日常安全检查工作和执行隐患排查治理闭合管理制度管理不严，隐患排查、整改不到位，对这起事故负有重要责任。

建议：给予记大过处分。

4）××，男，汉族，1963年9月生，山西省介休市人，1986年8月参加工作，中共党员，大专学历，2010年5月至今任汾西矿业集团公司地质测量处副处长，2012年7月至今为××煤业公司挂牌责任人，企业正式在册人员。作为汾西矿业集团公司地质测量处副处长、××煤业挂牌责任人，对××煤业公司存在的生产副经理兼总工程师、无专职防治水副总工程师、未设立专门的防治水机构、未建立专门的探放水专业队伍、未按照探放水设计进行探放水、探掘不分离等问题未能及时发现和整改，对这起事故负有重要责任。

建议：给予党内严重警告、撤职处分。

5）××，男，汉族，1965年8月生，山西省介休市人，1985年8月参加工作，中共党员，大学学历，2009年5月任地质测量处处长，2013年3月至今任汾西矿业集团公司副总工程师兼地质测量处处长，企业正式在册人员。作为汾西矿业集团公司地质测量处处长，对××煤业公司存在的生产副经理兼总工程师、无专职防治水副总工程师、未设立专门的防治水机构、未建立专门的探放水专业队伍、未按照探放水设计进行探放水、探掘不分离等问题未能及时发现和整改，对这起事故负有重要责任。

建议：给予记大过处分。

6）××，男，汉族，1964 年 3 月生，山西省永济市人，1988 年 7 月参加工作，中共党员，大学学历，2013 年 4 月至今任汾西矿业集团公司基本建设处副处长，企业正式在册人员。作为集团公司基本建设处副处长，协管工程管理等工作，未能认真履行职责，对××煤业公司东翼回风巷工程招投标手续不全、未签订施工合同等问题未能及时发现，监督管理不到位，对这起事故负有重要责任。

建议：给予党内严重警告、降级处分。

7）××，男，汉族，1961 年 12 月生，山西省曲沃县人，1981 年 8 月参加工作，中共党员，大学学历，2012 年 11 月至今任汾西矿业集团公司基本建设处处长，企业正式在册人员。作为汾西矿业集团公司基本建设处处长，未能认真履行职责，未对××煤业公司施工企业进行安全生产标准化检查，对××煤业公司东翼回风巷工程施工单位项目经理长期不在岗、工程项目部管理混乱等问题失察，对这起事故负有重要责任。

建议：给予记大过处分。

8）××，男，汉族，1963 年 11 月生，山西省陵川县人，1984 年 7 月参加工作，中共党员，大学学历，2011 年 6 月至今任汾西矿业集团公司总调度室副主任，2012 年 7 月至今为××煤业公司挂牌责任人，企业正式在册人员。作为汾西矿业集团公司煤矿安全监管五人小组成员、××煤业公司挂牌责任人，履行职责不到位，日常监督检查工作不细致，对工程项目部管理混乱，“六长”不全，无专门的安监和地测、防治水机构，未建立专门的探放水专业队伍等问题失察，对这起事故负有重要责任。

建议：给予党内严重警告、撤职处分。

9）××，男，汉族，1955 年 12 月生，山西省翼城县人，1973 年 12 月参加工作，中共党员，研究生学历，2011 年 2 月至今任汾西矿业集团公司党委常委、董事、工会主席，2012 年 7 月至今为××煤业公司挂牌责任人，企业正式在册人员。作为汾西矿业集团公司煤矿安全监管五人小组第五组组长、××煤业公司挂牌责任人，未认真组织开展相关监督、检查工作，对××煤业公司存在的“六长”不全，未设立专门的安监和地测、防治水机构，未建立专门的探放水专业队伍，未按照探放水设计进行探放水，探掘不分离等问题，没有下达停工停建督察意见，对这起事故负有重要领导责任。

建议：给予党内严重警告、撤职处分。

10）××，男，汉族，1975 年 11 月生，山西省平遥县人，1997 年 8 月参加工作，中共党员，大学学历，2013 年 7 月至今任汾西矿业集团公司副总经理兼安全监察局、安全生产监督管理局局长，企业正式在册人员。作为汾西矿业集团副总经理兼安全监

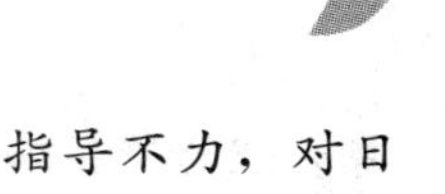

察局、安全生产监督管理局局长，对安监局贯彻落实安全生产责任制指导不力，对日常安全监管工作要求不细，对隐患排查治理闭合管理工作督促不够，对这起事故负有重要领导责任。

建议：给予记大过处分。

11）××，男，汉族，1963年11月生，山西省清徐县人，1985年8月参加工作，中共党员，大学学历，2012年6月至今任汾西矿业集团公司总工程师，企业正式在册人员。作为汾西矿业集团公司总工程师，负责集团公司“一通三防”等工作，对整合矿井地测、防治水工作指导不力，对防治水安全隐患治理工作督促检查不到位；作为汾西矿业集团公司2013年第三季度专家会诊检查组组长，发现××煤业公司存在重大安全隐患后口头要求××煤业公司停工整顿，未下达监察意见，隐患整改不落实，对这起事故负有重要领导责任。

建议：给予党内严重警告、降级处分。

12）××，男，汉族，1963年4月生，山西大同市人，1983年11月参加工作，中共党员，大学学历，2011年5月至今任汾西矿业集团公司副总经理，分管基本建设等工作，企业正式在册人员。作为汾西矿业集团公司分管基建工作的副总经理，对基建处监督检查基建矿井安全工作管理不力，未落实对施工企业的安全生产标准化检查，对施工企业的安全管理检查不到位，对这起事故负有重要领导责任。

建议：给予记大过处分。

13）××，男，汉族，1964年11月生，山西省平遥县人，1983年8月参加工作，中共党员，研究生学历，2012年6月至今任汾西矿业集团公司党委常委、副董事长、总经理，企业正式在册人员。作为集团公司总经理，对省政府有关建设矿井安全管理的政策要求贯彻落实不到位，对基建矿井安全责任落实上存在差距，对××煤业公司存在的安全隐患重视不够、整治不够有力，对这起事故负有重要领导责任。

建议：给予记大过处分、免职。

14）××，男，汉族，1963年3月生，山西省介休市人，1984年12月参加工作，中共党员，硕士研究生学历，2011年10月至今任山西焦煤集团公司党委常委，汾西矿业集团公司党委书记、董事长，企业正式在册人员。作为集团公司董事长，贯彻落实省政府有关煤矿资源整合、建设矿井安全管理的政策要求不到位，对××煤业公司基建矿井班子人员配备不齐、对该公司建设中存在的问题重视不够，整治不够有力，对这起事故负有重要领导责任。

建议：给予记大过处分。

(4) 山西焦煤集团人员

1）××，男，汉族，1963年10月生，河北省井陉县人，1982年12月参加工作，中共党员，大学学历，2010年1月至今任山西焦煤集团公司安全监察局、安全生产监督管理局监察二处处长，企业正式在册人员。作为焦煤集团公司安监局监察二处处长，负责监督、监察各子公司对资源整合矿井安全监督检查工作，对汾西矿业集团公司贯彻落实安全生产规章制度监督检查不到位，对汾西矿业集团公司资源整合矿井安全检查和隐患排查治理工作督促不够，对这起事故负有重要领导责任。

建议：给予记过处分。

2）××，男，汉族，1956 年 1 月生，辽宁省昌图市人，1975 年 9 月参加工作，中共党员，大学学历，2010 年 5 月至今任山西焦煤集团公司资源地质部副部长，主持工作，企业正式在册人员。作为主持工作的资源地质部副部长，负责对子公司地测防治水方面提供业务指导和技术服务，管理督促子公司地测防治水重大隐患排查治理工作，对汾西矿业集团公司地测防治水工作指导不力，对隐患排查治理工作督促不及时，对这起事故负有重要领导责任。

建议：给予记过处分。

3）××，男，汉族，1968 年 1 月生，北京市西城区人，1990 年 7 月参加工作，群众，大学学历，2006 年 10 月至今任山西焦煤集团公司计划发展部副部长，2010 年 1 月兼任重点办主任，企业正式在册人员。作为计划发展部副部长，负责对子公司基本建设管理工作进行指导、监督、考核。对汾西矿业集团公司基本建设管理工作指导、督促不够，对这起事故应负有重要领导责任。

建议：给予记过处分。

4）××，男，汉族，1962 年 11 月生，江苏省南京市人，1987 年 11 月参加工作，九三学社成员，大专学历，2009 年 10 月至今任山西焦煤集团公司调度信息中心副主任，2012 年 7 月至今为××煤业公司挂牌责任人，企业正式在册人员。作为××煤业公司挂牌责任人，对××煤业公司安全检查不严不细，对××煤业公司工程项目部管理混乱、“六长”不全、无专门的安监和地测防治水机构、未建立专门的探放水专业队伍等问题检查不到位，对这起事故负有重要领导责任。

建议：给予记大过处分。

5）××，男，汉族，1955 年 12 月生，山西省太原市人，1975 年 9 月参加工作，中共党员，研究生学历，工商管理硕士，2009 年 3 月至今任山西焦煤集团公司董事、总会计师，2012 年 7 月至今为××煤业公司挂牌责任人，企业正式在册人员。作为××煤业公司挂牌责任人，对××煤业公司落实安全生产规章制度、安全隐患排查工作督促不够，检查、指导不到位，对这起事故负有重要领导责任。

建议：给予记大过处分。

6）××，男，汉族，1965 年 1 月生，山西省稷山县人，1985 年 7 月参加工作，中共党员，研究生学历，工程硕士，2012 年 6 月任山西焦煤集团公司总经理助理，安全监察局、安全生产监督管理局局长，2013 年 6 月至今任山西焦煤集团公司副总经

理，安全监察局、安全生产监督管理局局长，分管安全生产工作，企业正式在册人员。作为分管安全生产工作的副总经理、安监局局长，对××煤业公司基建施工过程中存在的主体安全责任不落实问题失察；2013年7月，山西焦煤集团公司对××煤业公司检查发现“六长”配备不齐、未设立专业探放水队伍等问题后，虽要求进行整改，但跟踪落实不到位，对这起事故负有重要领导责任。

建议：给予记大过处分。

7）××，男，汉族，1962年10月生，辽宁省盘山县人，1983年8月参加工作，中共党员，大学学历，2009年3月至今任山西焦煤集团公司党委常委、董事、总工程师，分管科技、矿井设计、地质勘探、一通三防、地测防治水等工作，企业正式在册人员。作为分管防治水工作的总工程师，对煤矿探放水工作监督指导不到位，对××煤业公司存在的防治水机构、人员不到位，探放水设计措施不落实等问题失察，对这起事故应负重要领导责任。

建议：给予记过处分。

8）××，山西焦煤集团公司党委常委、副董事长、总经理。负责联系汾西矿业集团。作为总经理贯彻落实国务院关于安全生产大检查和省政府有关煤矿资源整合建设矿井安全管理的政策要求不到位，对这起事故负有重要领导责任。

建议：给予警告处分。

(5) 煤炭厅基建局人员

××，男，汉族，1962年10月生，吕梁市岚县人，1980年12月参加工作，中共党员，大学学历，1998年5月至今任山西省煤炭厅基本建设局建设施工处副处长。作为8月11日全省煤矿措施井第二检查组组长，未能严格按照省煤炭厅基建局晋煤基局发〔2013〕178号文件要求对××煤业公司进行全面检查，对措施井存在的提升设施未按要求予以拆除，未下达任何执法文书，专项检查流于形式，对这起事故负有重要监管责任。

建议：给予记大过处分。

以上人员涉及国有企业任命的工作人员或国有企业管理的职工的政纪处分，按管理权限由企业依据规定予以处分；对党纪政纪处分权限在省外的责任人员，建议按管理权限予以处分。

责令山西焦煤集团党委书记、董事长××向省政府作出检查。

责令山西焦煤集团向省政府作出深刻书面检查。

3. 对责任单位的处理建议

(1) ××煤业有限责任公司对本起事故的发生负有责任，依据《〈生产安全事故报告和调查处理条例〉罚款处罚暂行规定》（安监总局令第42号）第十六条之规定，建议给予××煤业有限责任公司罚款人民币100万元的行政处罚。

（2）××煤业有限责任公司在矿井存在严重水患且未采取有效措施的情况下进行施工作业，依据《关于预防煤矿生产安全事故的特别规定》（国务院令第446号）第八条、第十条之规定，建议给予××煤业有限责任公司罚款人民币200万元的行政处罚。

（3）依据山西省人民政府办公厅《关于进一步强化煤矿安全生产工作的规定》（晋政办发〔2012〕34号），责令××煤业有限责任公司停建整顿，整顿结束后履行复工验收程序，验收合格后方可复工。

（4）山东兖矿新陆建设发展有限公司存在出借资质、任命项目经理不到位、任命的其他管理层人员均不是本公司职工、只收取管理费未履行管理职责等问题，依据《建设工程质量管理条例》（国务院令第279号）第六十一条之规定，建议没收其非法所得11.4万元，降低其矿山工程施工总承包资质等级。

六、防范措施及建议

1. 山西焦煤、汾西矿业两级集团公司要深刻吸取事故教训，认真落实安全生产主体责任，牢固树立"以人为本、安全第一、生命至上"的安全发展理念。结合实际认真分析研究安全管理中存在的不足和漏洞，理顺管理机制，健全管理制度，严格落实各级责任，配齐安全生产管理人员，强化安全生产"挂牌责任制"和安全监管"五人小组"等制度的落实，夯实安全生产基础。

2. 加强煤矿防治水基础工作，严格落实《煤矿防治水规定》。煤矿企业要建立健全防治水机构，配齐防治水专业技术人员，坚持"预测预报、有疑必探、先探后掘、先治后采"的防治水原则，认真落实"防、堵、疏、排、截"综合治理措施，探明井田内及周边老窑区、废弃旧巷道的分布及积水范围、积水量等水文地质情况，准确掌握矿井水患情况，严禁地质情况不清、水文地质条件不明、相邻矿井资料不详的煤矿企业组织生产和建设。当采掘活动接近老空水等灾害影响范围时，要及时采取有效措施，消除安全隐患。要进一步强化探放水管理，制定并认真落实矿井探放水制度，严格执行"探、掘分离"的防治水规定和批准的探放水设计，杜绝探放水工作的随意性，当水文地质条件发生变化时，要及时调整完善探放水设计。出现透水征兆时，要果断采取停止作业、撤出人员等措施，严禁冒险作业。

3. 进一步加强煤矿基本建设项目的管理。建设单位要认真落实安全责任，严格落实建设项目招投标各项管理规定，杜绝使用施工队伍的随意性，对建设项目施工期间的各相关单位要进行统一协调管理，严格落实建设、施工、监理各方责任，明确各方职责，杜绝相互推诿、扯皮。要严格按照批准的施工组织设计进行施工作业，强化施工现场管理。对外围工程要全过程进行动态跟踪监管，切实加强施工队伍的劳动组织、用工管理，严禁层层转包，杜绝以包代管。

4. 加大安全监督检查和隐患排查治理力度，认真落实"五人小组""挂牌责任制"等各项制度。各级监管部门要以高度的责任感和使命感，认真履行安全监管职责，切

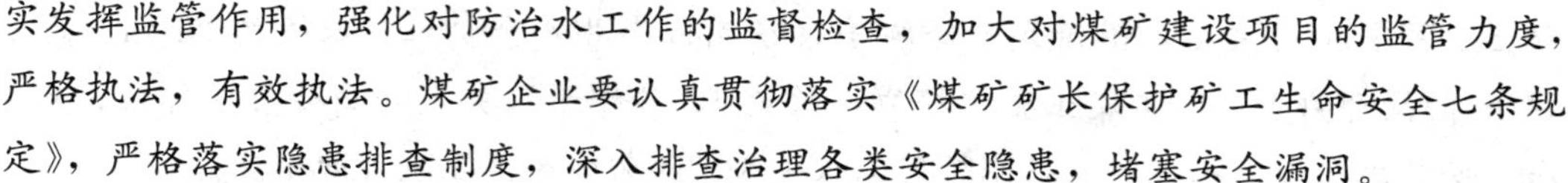

实发挥监管作用，强化对防治水工作的监督检查，加大对煤矿建设项目的监管力度，严格执法，有效执法。煤矿企业要认真贯彻落实《煤矿矿长保护矿工生命安全七条规定》，严格落实隐患排查制度，深入排查治理各类安全隐患，堵塞安全漏洞。

5. 进一步加大安全培训教育力度，提升员工素质和安全防范意识，提高职工的灾害辨识及灾害防治和应急处理能力。要结合矿井实际灾害情况，有针对性地开展安全培训教育，使职工对矿井的灾害情况做到胸中有数，未经培训合格不得上岗作业，安全管理人员和特种作业人员必须持证上岗。

三、重大建筑施工坍塌事故调查报告

“9·10”重大建筑施工坍塌事故调查报告

2011 年 9 月 10 日上午 8 时 20 分，在位于西安市未央路的凯玄大厦项目施工现场，因脚手架架体整体突然坍塌，致使正在该大厦东立面整体提升脚手架上进行降架和外墙面贴面砖施工及清洁的 12 名作业人员，自 19 层高处坠落，造成 10 人死亡、1 人重伤、1 人轻伤（现场死亡 7 人，经医院全力抢救无效死亡 3 人），直接经济损失约 890 万元。

按照《生产安全事故报告和调查处理条例》（国务院令第 493 号）和《××省安全生产条例》有关规定，成立了由省安全监管局局长任组长，省安全监管局、省监察厅、省住建厅、西安市政府有关领导任副组长，省安全监管、监察、住建、公安、工会等部门有关人员参加的西安“9·10”重大建筑施工坍塌事故调查组，并邀请省及西安市检察机关参加。下设综合、技术、管理 3 个小组。

事故调查组按照“科学严谨、依法依规、实事求是、注重实效”和“四不放过”的原则，通过现场勘察、技术分析、查阅资料、询问有关单位和当事人，查清了事故原因，界定了事故性质，区分了事故责任，提出了对事故相关责任单位、相关责任人的处理建议和施工安全防范整改措施。经 12 月 27 日事故调查组全体会议讨论，形成了事故调查报告。

一、事故经过及救援情况

1. 事故经过

2011 年 9 月 9 日下午，××建筑工程有限公司凯玄大厦项目部召开例会，生产负责人杜祥勇安排外架班长梁涛带领架子工把整体提升脚手架从 20 层落到 16 层。9 月 10 日上午 5 时许，8 名外墙装修人员登上位于凯玄大厦 20 层高处脚手架上开始清洗外墙面；7 时 20 分，外架班长梁涛带领 8 名架子工人员开始进行整体提升脚手架的降架工作，同时架体上边还有 8 名工人在清洗外墙面，且清洗人员都集中在楼体东边的架

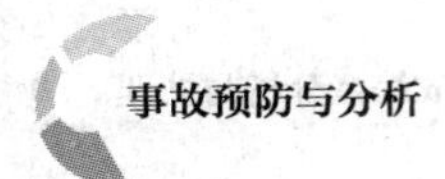

体上；8 时 20 分左右，附着式升降脚手架东侧偏南共 4 个机位、长度约 22 m、高度 14 m 的提升脚手架架体发生整体坍塌，致使 12 名作业人员（墙面砖勾缝作业工人 6 人、安装落水管工人 2 人、架体降架工人 4 人）随架体坠落至室外地面。

2. 救援情况

事故发生后，国家安全监督管理总局、住建部及××省委、省政府高度重视。国家安全监管总局局长骆琳、副局长王德学就事故救援、善后及事故调查及时做出批示，省委书记赵乐际及时电话了解事故救援情况，省委副书记、省长赵正永，省委常委、西安市委书记孙清云，副省长郑小明，副省长李金柱先后做出批示，要求省级相关部门和西安市政府全力做好伤员抢救、妥善做好事故善后，尽快开展事故调查，同时安排在全省立即开展建设工地脚手架安全专项检查。国家安全监管总局、住建部先后派员并带领专家赴现场指导救援及事故调查工作。省安委会副主任、省安全监管局局长及省安全监管局、省住建厅、省监察厅分管领导赶赴事故现场，指导协调事故救援及善后处理。

事故发生后，西安市立即启动了事故应急预案，市政府主要领导带领市建设、卫生、公安、安全监管、消防和西安市莲湖、未央区委、区政府、公安未央分局及当地街道办事处等有关部门人员立即赶赴事发现场组织开展事故救援。救援共调集 5 个消防中队 70 余名官兵、10 部车辆、1 部工程车、4 只搜救犬，调集卫生部门 7 部救护车和 35 名医护人员。9 月 10 日 10 时 20 分，12 名工人被相继救出，分别被送往长安医院、中心医院及北环医院。西安市政府于 9 月 10 日 10 时 30 分召开现场紧急会议，研究安排事故伤员救治、善后处理、安全大检查事宜。为保障受伤人员及遇难者家属合法权益，确保不发生因事故引发的社会稳定问题，西安市政府成立了事故医疗救治及善后处理组，抽调专人、明确相关区级政府负责事故善后工作；××建工集团亦抽调专人成立了 12 个小组，对口负责接待家属并处理善后事宜。为便于新闻媒体公开真实报道，西安市专门印发了新闻通稿。按照省政府领导批示要求，省安全监管局当日下午 5 时在事故现场主持召开了专题会议，听取了西安市关于事故救援和善后处理等前期工作情况汇报，传达了省政府领导的重要指示和批示，明确下一步工作要求。截至目前，事故善后处理已全部结束，当地社会平稳有序。

二、项目工程概况及事故现场情况

1. 项目工程概况

凯玄大厦项目所在的莲湖区北关村属于《西安市城中村改造工作领导小组办公室关于 2003 年第一批城中村改造村的批复》中确定的西安市第一批 25 个城中村改造范围。凯玄大厦项目建设单位为莲湖区北关村一组，该组在行政关系上隶属莲湖区管辖；但用于凯玄大厦项目建设的土地则位于未央区行政区划内，属于“城市飞地”；2007 年划归西安市大明宫遗址区保护改造区划内。2008 年 9 月 16 日西安市地铁公司（甲方）与北关村一组（乙方）、莲湖区北关街道办事处（丙方）签订的《地铁二号线一期大明宫西站1号风亭、4号出入口与北关村凯玄大厦结合建设协议》，约定凯玄大厦与地铁二号线大明宫西站结合建设。莲湖区发改委于2009年12月25日向北关村委会下发《关于印发凯玄大厦项目备案确认书的通知》，明确指出："同意备案。"西安市规划局派驻到市城改办的城中村（棚户区）规划管理处2009年5月21日书面"同意此工程（凯玄大厦）应纳入北关村城中村改造项目"。同时西安市规划局（大明宫）第17次局务会议对凯玄大厦建设进行了控规审查。

2008年11月16日北关村一组（法定代表人杨长安，委托代理人王顺民）与××建筑工程有限公司（董事长、法人代表徐捷，总经理黄永根。具有国家住建部核发的《房屋建筑工程施工总承包一级资质》和省住建厅核发的《安全生产许可证》，属国有独资公司）签订凯玄大厦《建设工程施工合同》。2008年11月1日，北关村委会与××建设监理有限公司（法人代表、总经理郭成喜，具有国家住建部核发的《房屋建筑工程监理甲级资质》）签订《建设工程委托监理合同》。2008年12月25日，××建筑工程有限公司与××新中建建筑劳务有限责任公司（法人代表任逸卿，无资质证书，属个体公司）签订《工程项目承包协议书》，约定××新中建建筑劳务有限责任公司在本工程中标后作为工程项目施工的承包实体，实行独立经营核算，自负盈亏。××建筑工程有限公司负责项目部的组织管理工作并指定所属第四分公司作为该项目的责任管理单位。

2. 事故现场情况

西安凯玄大厦项目位于西安市未央路与玄武路路口东北角，该工程为框架剪力墙结构，地下2层，地上30层，总高108.5 m，建筑面积56 000 m^2。2009年下半年开始基坑开挖，2010年6月开始桩基施工，2011年5月主体封顶，目前室内已完工，正在进行20～23层外墙面砖擦缝工作。外墙附着式升降脚手架周边总长182 m，架体分为三个升降单元，架体高度4层约14 m。2011年8月20日整体提升脚手架自30层下降到20层，事发时正在进行20层到23层外墙面砖铺贴施工。

事故发生后的现场勘查情况是：凯玄大厦工程20层位置（高度61.3 m）附着式升降脚手架东面南侧及南面共13个机位为一个升降单元，其中东面南侧5个机位中有4个机位（长度22 m）的架体全部坠落至室外地面损毁；在该单元其余9个未坠落机位的架体中，与降架坠落架体紧邻的东面南侧1个机位上的定位承力构件已全部拆除，其余8个机位的定位承力构件有少部分被拆除；坠落4个机位的架体与南侧紧邻架体竖向断开，结构上没有形成整体，南侧紧邻架体上端有局部撕拉变形；剩余9个机位中多数防坠装置被人为填塞牛皮纸、木楔、苯板等物，致使防坠装置失效；坠落架体部位的建筑物上仅残留附墙支座、电葫芦、倒链及挂钩，均未发现明显变形和撕拉痕迹；坠落至地面的架体残骸由于抢险救人工作的移动，已无法看到原状。从架体残骸

中找到的坠落机位的4个吊点挂板中，有2个完好，另外2个断裂成为4块，只找到其中的3块，断裂面有部分陈旧性裂痕；由于该升降单元南面大部分承力构件尚未拆除，该单元架体处于下降工况前的准备阶段；架体坠落时气象情况为中到大雨。

三、事故原因

1. 事故直接原因

经调查分析认定，此次事故发生的直接原因是，脚手架升降操作人员在未悬挂好电动葫芦吊钩和撤出架体上施工人员的情况下违规拆除定位承力构件，违规进行脚手架降架作业所致。

2. 事故间接原因

(1) ××新中建建筑劳务有限责任公司，无资质违规承揽承包凯玄大厦建设工程并组织施工，对施工现场缺乏严密组织和有效管理，是事故发生的主要原因。

(2) ××建设监理有限公司，对凯玄大厦外墙装饰和脚手架升降作业等危险性较大工程和工艺，未按规定进行旁站等强制性监理，是事故发生的主要原因。

(3) ××建筑工程有限公司，未依法履行施工总承包单位安全职责，将工程分包给无专业资质的××新中建建筑劳务有限责任公司，对施工现场统一监督、检查、验收、协调不到位，是事故发生的重要原因。

(4) 西安凯玄实业有限公司（西安市莲湖区北关村一组）在凯玄大厦项目建设过程中，未完全取得建设工程相关手续违规进行项目建设，是事故发生的次要原因。

(5) 西安市城改、规划和城市综合执法等部门，依法履行监管职责不到位，是事故发生的原因之一。

(6) 自8月下旬开始，包括西安市在内的××关中地区连续10余天降雨，事发当天西安市天气仍然是中到大雨，脚手架因受长时间雨淋而超重超载，也是事故发生的客观原因。

四、事故性质

经调查认定，西安“9·10”重大建筑施工坍塌事故为生产安全责任事故。

五、事故责任认定及处理建议

1. 事故责任人及处理建议

(1) ××，男，××新中建建筑劳务有限责任公司聘用的凯玄大厦项目架子工领班。严重违反脚手架升降操作规范，在外墙装饰作业人员未撤离脚手架的情况下，带领操作人员违章进行脚手架降架作业，对事故发生负有直接责任。建议依据《建设工程安全生产管理条例》第六十六条之规定，移交司法机关依法追究其法律责任。

(2) ××，男，××新中建建筑劳务有限责任公司聘用的凯玄大厦项目架子工。违反脚手架升降操作规范，在外墙作业人员未撤离升降架的情况下，盲目启动电动葫芦进行脚手架降架作业，对事故的发生负有直接责任。鉴于本人已在事故中死亡，建

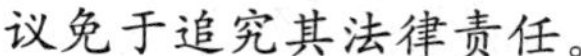

议免于追究其法律责任。

(3) ××，男，××新中建建筑劳务有限责任公司聘用的凯玄大厦项目外架作业负责人。对架子工人员资质审查不严和脚手架降架作业现场安全管理不力，对事故的发生负有主要责任。建议依据《建设工程安全生产管理条例》第六十二条第五款，第六十四条第一款之规定，移交司法机关依法追究其法律责任。

(4) ××，男，××新中建建筑劳务有限责任公司聘用的凯玄大厦项目外墙装饰作业负责人。未按规定指挥施工人员进行外墙清洗作业，疏于对施工现场的安全管理，对事故发生负有主要责任。建议依据《建设工程安全生产管理条例》第六十四条第一款，第六十五条第一、二款之规定，移交司法机关依法追究其法律责任。

(5) ××，男，××新中建建筑劳务有限责任公司凯玄大厦项目部安全负责人。负责项目安全生产工作，对施工现场和外架操作人员安全管理不严，对在外墙作业人员未撤离的情况下进行脚手架降架的严重违规行为未能进行制止，对事故的发生负有主要责任。建议依据《建设工程安全生产管理条例》第六十四条第一款，第六十二条第二、五款，第六十五条第一、二款之规定，移交司法机关依法追究其法律责任。

(6) ××，男，××新中建建筑劳务有限责任公司凯玄大厦项目部生产技术负责人。负责施工现场的协调与组织，为加快工程进度，违规安排外墙装饰与降架作业穿插进行，对事故的发生负有主要责任。建议依据《建设工程安全生产管理条例》第六十二条第二、五款，第六十四条第一款，第六十五条第一、二、三款，第六十六条之规定，移交司法机关依法追究其法律责任。

(7) ××，男，××新中建建筑劳务有限责任公司凯玄大厦项目部总负责人。不具备建筑施工相应资质违规承揽工程和组织施工，未认真履行施工现场安全管理职责，对事故的发生负有主要责任。建议依据《建设工程安全生产管理条例》第六十二条第一、五款，第六十四条第一款，第六十五条第一、二、三款，第六十六条之规定，移交司法机关依法追究其法律责任。

(8) ××，男，××建设监理有限公司凯玄大厦项目部总监代表。负责项目施工现场日常监理工作，在施工人员进行外墙清洗和脚手架降架作业时未进行旁站，未能发现并制止降架和外墙清洗人员违规同时作业，对事故发生负有重要责任。建议依据《建设工程安全生产管理条例》第五十七条第二、三、四款之规定，移交司法机关依法追究其法律责任。

(9) ××，男，附着式升降脚手架实际出租方。盗用深圳市特辰科技有限公司名义，私刻假公章、伪造假合同、出租假设备（脚手架），将个人从市场上购买拼装的附着式升降脚手架租赁给不具有相应作业资质的项目承包人使用，缺乏对操作人员进行技术培训、交底以及施工中的技术指导，对事故的发生负有重要责任。建议依据《建设工程安全生产管理条例》第五十九条、第六十条、第六十一条之规定，移交司法机关关依法追究其法律责任。

(10) ××，男，西安市莲湖区北关村一组副组长、凯玄大厦建设单位现场负责人。在凯玄大厦项目未完全取得相关手续的情况下违规进行建设，对事故的发生负有重要责任。建议依据《建设工程安全生产管理条例》第五十四条、第六十五条第二款之规定，移交司法机关依法追究其法律责任。

(11) ××，男，西安市莲湖区北关村一组组长、凯玄大厦实业有限公司董事长。对凯玄大厦项目报批和建设管理负有一定的领导责任。建议西安市人民政府责成莲湖区人民政府依据《建设工程安全生产管理条例》对其予以经济处罚。

(12) ××，男，××新中建建筑劳务有限责任公司凯玄大厦施工项目部经理，违规承包工程和组织施工，对此次事故的发生负有重要责任。建议依据《建设工程安全生产管理条例》第六十五条第一、二、三款、第六十六条之规定，由省建设行政主管部门吊销其二级建造师资质。

(13) ××，男，××建筑工程有限公司第四分公司经理，凯玄大厦项目施工管理单位负责人。未认真履行施工监管职责，与无资质的单位签订项目施工承包协议，对事故的发生负有直接管理责任。建议依据《建设工程安全生产管理条例》第六十二条第一、二、五款，第六十五条，第六十六条和《安全生产领域违法违纪行为政纪处分暂行规定》第十二条第一、七款之规定，撤销其四分公司经理职务；由省建设行政主管部门吊销其二级建造师资质。

(14) ××，男，××建筑工程有限公司市场一部部长，凯玄大厦施工项目部经理。在实际工作中未履行项目经理职责，对事故的发生负有主要管理责任。建议依据《建设工程安全生产管理条例》第六十二条第一、二、五款，第六十五条，第六十六条和《安全生产领域违法违纪行为政纪处分暂行规定》第十二条第一、七款之规定，撤销其市场一部部长职务；由省建设行政主管部门吊销其一级建造师资质。

(15) ××，男，××建筑工程有限公司安全管理部副部长（主持工作）。监督检查安全生产各项规章制度落实不到位，对事故的发生负有安全监管责任。建议依据《建设工程安全生产管理条例》第六十二条第五款，第六十五条第一、二、三款和《安全生产领域违法违纪行为政纪处分暂行规定》第十二条第一、七款之规定，给予其行政记大过处分。

(16) ××，男，××建筑工程有限公司主管安全生产副总经理。对凯玄大厦施工现场的安全管理工作督促检查不到位，对事故的发生负有分管领导责任。建议依据《建设工程安全生产管理条例》第六十二条第一、五款，第六十五条第一、二、三款，第六十六条和《安全生产领域违法违纪行为政纪处分暂行规定》第十二条第一、七款之规定，给予其行政记过处分。

(17) ××，男，××建筑工程有限公司总经理。对事故的发生负有领导责任。建议依据《建设工程安全生产管理条例》第六十二条第一、五款，第六十五条第一、二、三款，第六十六条和《安全生产领域违法违纪行为政纪处分暂行规定》第十二条第一、七款之规定，给予其行政警告处分；依据《生产安全事故报告和调查处理条例》第三十八条第三款之规定，由省安全监管部门对其予以上年个人收入60%的经济处罚。

(18) ××，男，××建筑工程有限公司董事长兼党委书记。全面领导公司工作，对事故的发生负有领导责任。建议依据《关于对党员领导干部进行诫勉谈话和函询的暂行办法》第三条第三款对其进行诫勉谈话。

(19) ××，男，××建设监理有限公司凯玄大厦项目部总监。对项目监理工作管理松懈，对现场监理人员资质审查把关不严，疏于对施工现场监理工作的检查指导，对事故的发生负有主要监理责任。建议依据《建设工程安全生产管理条例》第五十七条之规定，由省建设行政主管部门吊销其监理工程师资质并予以经济处罚。

(20) ××，男，西安曲江新区管理委员会大明宫遗址区保护改造办公室建设局局长。未按照西安市城乡建设委员会《行政执法委托书》的要求认真履行对大明宫遗址区建筑施工安全监管职责，对事故的发生负有主要监管领导责任。建议依据《建设工程安全生产管理条例》第五十三条第四款和《安全生产领域违法违纪行为政纪处分暂行规定》第八条第二、五款之规定，给予其行政降级处分。

(21) ××，男，西安曲江新区管理委员会大明宫遗址区保护改造办公室副主任，分管遗址区保护改造办建设局工作。对遗址区保护改造区划内的安全生产工作领导不力，对事故的发生负有分管领导责任。建议依据《安全生产领域违法违纪行为政纪处分暂行规定》第八条第五款之规定，给予其行政警告处分。

(22) ××，男，西安曲江新区管理委员会副主任、党工委副书记。对管委会所属大明宫遗址区保护改造办公室安全监管工作领导不力，对事故的发生负有领导责任。建议依据《关于对党员领导干部进行诫勉谈话和函询的暂行办法》第三条第七款对其进行诫勉谈话。

以上有关人员的处分，依据干部管理权限由相关部门做出处理决定。

2. 事故责任单位及处理建议

(1) ××新中建建筑劳务有限责任公司。违规承揽承包凯玄大厦建设工程并组织施工，对施工现场缺乏严密组织和有效管理，是事故直接和主要责任单位。建议由省工商行政管理部门依法吊销其营业执照。

(2) ××建筑工程有限公司。作为凯玄大厦施工总承包单位，对现场统一监督、检查、验收、协调不到位，未依法履行施工总承包单位安全职责，对事故的发生负有一定责任。建议省建设行政主管部门依据《安全生产许可证条例》第十四条之规定，暂扣其安全生产许可证6个月（从暂停该公司建筑施工投标活动时间起算）；依据《生产安全事故报告和调查处理条例》第三十七条第三款之规定，由省安全监管部门对其

处以80万元的经济处罚。

(3) ××建设监理有限公司。对施工现场安全监理不严，对凯玄大厦外墙装饰和脚手架升降作业等危险性较大工程和工艺，监理人员未按规定进行旁站，对事故的发生负有监理不到位的责任。建议省建设行政主管部门依据《建设工程安全生产管理条例》第五十七条之规定，将其监理资质由甲级降为乙级；给予其30万元经济处罚。

(4) 西安凯玄实业有限公司（西安市莲湖区北关村村民委员会）。在凯玄大厦项目建设过程中，没有严格执行工程建设招投标等项目管理基本程序，在未完全取得建设工程相关手续情况下，违规进行项目建设，对事故发生负有一定的责任。建议由省建设行政主管部门参照《中华人民共和国城乡规划法》第六十四条对其予以经济处罚。

(5) 深圳市特辰科技有限公司。对派驻西安管理部的工作人员管理不严，使不法人员盗用公司名义制作假公章、伪造假合同、出租假设备（脚手架）的违法行为得以实现，对事故的发生负有一定的关联责任。建议责成其向省建设行政主管部门作出书面检查，由省建设行政主管部门对其法人代表进行约谈。

(6) 西安曲江新区管理委员会。受市建委委托对大明宫遗址区保护改造区划内建筑施工安全监督管理不到位，对事故的发生负有监管不到位的责任。建议责成其向西安市人民政府做出书面检查。

(7) 西安市规划局、西安市城市管理综合行政执法局、西安市城中村改造办公室依法履行监管职责不到位。建议西安市人民政府依法依规对上述单位进行处理。

建议责成××建工集团向省国资委作出书面检查。

建议责成西安市人民政府向省人民政府作出书面检查。

六、整改措施及建议

1. 进一步落实企业安全生产主体责任

凯玄大厦项目各参建单位要认真汲取此次事故教训，进一步建立和完善以安全生产责任制为重点的安全管理制度，加强对施工现场和高危险性作业的动态管理，把施工项目部的领导带班制度、监理项目部的旁站监理制度和一线班组长的岗位安全责任落到实处。要强化施工总承包方对工程建设和安全生产的全面、全过程管理，严格程序，严格把关，严防类似事故再次发生。

2. 强化施工现场安全管理

××建工集团要针对发展规模过快所带来的人才队伍建设滞后、管理力量薄弱等问题进行认真反思，指导第十一建筑工程有限公司加强安全管理。第十一建筑工程有限公司要加强建设项目施工现场安全监管，加大安全生产隐患排查力度。在与专业承包、劳务分包队伍签订合同协议时，应细化职责，明确安全生产责任。

3. 加强安全监理

××建设监理有限公司应加大对施工组织设计、专项施工方案和施工管理人员、特种作业人员资质审查，切实履行施工监理旁站作用，及时消除安全生产隐患。

4. 改进施工设施租赁管理服务

深圳特辰科技有限公司应加强队伍建设，规范附着式升降脚手架的租赁管理，加强对所出租附着式升降脚手架施工的技术指导服务工作。

5. 进一步落实建设行政主管部门行业安全监管职责

西安市建委要按照国务院《建设工程安全生产管理条例》规定和省、市有关建筑施工安全监管职能分工，加强对全市房屋建筑施工安全监管，确保事有人管、责有人负。西安曲江新区管理委员会要按照西安市人民政府有关规定，督促大明宫遗址区保护改造办公室认真落实房屋建设、市政建设、国土资源管理、房屋管理等责任。督促凯玄大厦建设单位依法完善项目建设相关手续，责令施工单位对该项目施工现场安全隐患实施整改，确保项目施工安全。

6. 切实加强城市安全管理和服务

西安市人民政府要针对近年来城市快速扩张、经济高位运行对安全生产和社会管理带来的压力特别是此次事故暴露出的安全监管薄弱环节，系统总结经验教训，进一步强化安全生产及其监管监察工作。一是进一步细化落实各行政区、县和开发区、工业园区对“城市飞地”和安全生产工作的属地领导管理责任；二是进一步理顺和落实建委、规划、城改和城管等部门对以建筑施工领域为重点的安全生产监管主体责任；三是统一组织对全市城中村改造工程的项目报建手续和施工现场管理等工作进行一次系统的检查整顿，进一步治理工程建设领域边许可边建设等违规行为；四是进一步加强对政府职能部门的教育，强化政策法规意识，提高依法行政能力。

复习思考题

案例分析：一日，某县燃料公司蜂窝煤生产车间，王某和曾某操作搅拌机，另有3人负责捡蜂窝煤。8时30分，曾某有事离开，由王某单独操作。8时50分，王某见搅拌机不能正常将煤料送上运输皮带，便站在搅拌机有旋转齿轮的一侧，用铁锹将机内煤料铲到出口处。在铲料过程中，搅拌机一对离地约80 cm、直径约15 cm、相啮合的齿轮将王某的衣袖夹住，王某拼命想把衣袖拉出，因自身力量太小不能成功。而离他仅7 m远的3个捡煤工人，竟无一人看见。事故导致王某右肘以下粉碎。

据调查，该公司搅拌机投入运行10多年来，其齿轮一直没有安装防护罩。在运行过程中，多次将上机操作的工人衣服夹住，但因其转速较慢且工人采取的措施得当，一般只将衣服夹烂，未出现伤人事故，未引起企业的重视。

1. 根据《企业职工工伤事故分类》(GB 6441—1986)，确定这起事故的事故类型，并列举人机系统中常见的事故。

2. 试分析造成该事故的原因。

3. 确定该事故的性质。

4. 请给出事故责任认定及处理建议。

5. 请提出整改措施及建议。

实训七

一、实训目标

1. 了解事故调查组的职责和报告编写规范。

2. 能完整清晰地叙述事故概况、发生经过及抢险救援过程，会分析事故原因和性质，对事故责任单位和责任人员提出处理建议，制定防范措施及整改建议。

二、任务描述

以某事故为例，按照事故等级成立事故调查组，收集事故调查分析资料，完成事故调查报告的编写任务。

三、任务准备

1. 事故调查分析资料

(1)《安全生产法》《生产安全事故报告和调查处理条例》等法律法规；

(2) 同行业事故案例资料；

(3) 事故调查所需图、文资料。

2. 实训材料准备

(1) 计算机房；

(2) 实训用纸若干；

(3) 小组合作实训过程考评记录表（教师用）。

四、知识要点

1. 直接原因、间接原因；

2. 事故性质、事故责任；

3. 行政责任、民事责任、刑事责任；

4. 事故隐患、事故预防与控制。

五、实训过程

1. 划分事故等级，成立相应级别的事故调查组；

2. 事故调查分析资料搜集整理；

3. 完成事故调查报告。

六、注意事项

1. 实训前熟悉事故调查报告的格式与要求；

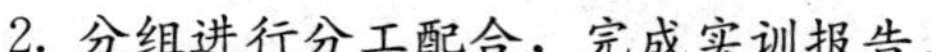

2. 分组进行分工配合，完成实训报告。

七、总结与思考

1. 事故等级与事故调查组级别如何对应？

2. 事故间接原因主要从哪些方面进行分析？

3. 事故调查报告包括哪些内容？

第八章

事故应急管理

本章学习目标

1. 了解事故应急救援体系的构成。

2. 了解不同行业事故应急设备和设施。

3. 重点掌握事故应急预案的编写方法，能根据《生产经营单位生产安全事故应急预案编制导则》的要求完成预案编制。

第一节　应急救援系统概述

一、应急救援系统概述

随着社会的进步、科学技术的发展，人类社会所面临的事故和灾害种类越来越复杂，所造成的经济损失也越来越严重，给人类的心灵留下了难以抹去的伤痛。因此，人们对事故和灾难的认识和防范意识比以往任何时候都更加深刻和强烈。如何主动防范和遏制事故的发生，有效减少事故所造成的损失，使事故的影响降低到最低限度，已成为亟待解决的问题。

事故和灾害的种类很多，如生产安全事故、环境事故、自然灾害、突发公共事件、社会安全事件等。对于种种不同的事故，按照不同的标准有不同的分类。“安全第一、预防为主、综合治理”是我国安全生产的方针，虽然人们为此做出了巨大的努力，但生产事故和灾害客观上存在的多种不确定性以及生产力水平的状况使人们在一定时期内预防能力不尽如人意，生产事故和灾害难以杜绝。为了避免或减少事故和灾害的损失，应对紧急情况，就应居安思危，常备不懈，才能在生产安全事故和灾害发生的紧急关头反应迅速、措施正确。

而建立事故应急救援体系、制定应急救援预案，便是保障安全生产的一项重大举措。这无论对各类企业（尤其是事故危险性大的企业）保障安全生产，还是对各级政府加强安全生产的监督管理和加大社会公共事务的管理，都是十分必要的。生产经营单位要预防和正确应对生产安全事故或灾害，最有效的措施是针对各危险源、危险目标制定应急措施。为正确及时应对重大事故和灾害，生产经营单位应制定事故应急救援预案，政府应建立其辖区的生产安全应急救援体系及预案。

二、应急措施概述

生产经营单位为预防和应对生产安全事故，仅仅制定事故应急救援预案是不够的，更重要的是针对本单位危险源、危险目标而制定应急措施（即单位灾害预防与处理计划）。应急措施是针对本单位危险源、危险目标在日常运作监控时发现发生偏离正常状态时，车间或班组应该采取的紧急处理措施。例如，在聚合反应中，温度、压力异常升高时，可加入终止剂使反应终止，避免爆聚的危险。

生产经营单位应当按照国家有关规定，将本单位重大危险源及有关安全措施、应急措施报有关单位和有关部门备案。生产经营单位应当教育和督促从业人员严格执行本单位的生产安全规章制度和安全操作规程，并向从业人员如实告知作业场所和工作岗位存在的危险因素、防范措施以及事故应急措施。

生产经营活动中，从业人员应该把应急措施牢记在心，当单位危险源、危险目标发生偏离正常的状态时，迅速采取应急措施。应急措施与应急救援预案的不同如下：

（1）针对的事故程度不同

应急措施是针对小事故。大部分重大事故是由事故隐患发展为小事故，由于对小事故处理不利或不力，进而导致重大事故的发生。发生小事故时，车间或班组应立刻采取应急措施，这有利于事故的控制。当采取应急措施后，仍不能有效控制事态的发展时，启动事故应急救援预案。

（2）涉及人员不同

应急措施主要由车间或班组成员实施，仅仅由本车间或班组的人员进行事故处理就能把事故控制住；而事故应急救援预案是当采取应急措施仍不能奏效时，企业主管人员调动生产经营单位各部门抢险救援力量进行事故抢险和救援，必要时报告请求政府进行抢险救援。

（3）制定部门不同

应急措施主要由生产经营单位技术人员针对各危险源、危险目标制定；生产经营单位的应急救援预案由生产经营单位主要负责人组织确定，县级以上的地区性特大生产安全事故应急救援预案由县级以上地方各级人民政府组织有关部门制定。

（4）启动机制不同

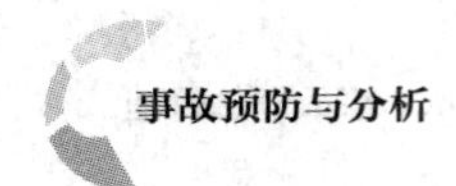

应急措施由车间或班组成员根据事故发展自行启动，事故应急救援预案由企业管理者根据事故事态发展启动。

（5）目的不同

应急措施的主要目的是控制小事故的发展，并且使事故得到处理，消除事故，恢复正常生产经营。事故应急救援的目的，主要是在灾害发生的紧急关头，能从容及时地按照预定方案进行有效的应急救援，在短时间内使事故得到有效控制，使系统得以恢复，能够避免或减少事故和灾害的损失，以拯救生命、保护财产、保护环境。

三、事故应急救援体系概述

1. 事故应急救援体系的组织机构

生产安全事故应急救援工作是政府为减少事故的社会危害，及时进行事故抢险，减少人员伤亡、财产损失和环境污染，按照预先制定的应急救援预案进行的事故抢险救援工作。生产安全事故应急救援工作，应坚持“以人为本、预防为主、快速高效”的方针，贯彻“统一领导、属地为主、协同配合、资源共享”的原则。

（1）事故应急救援体系级别划分

企业发生生产安全事故后，进行事故抢险仍无法控制事态时，就应及时向政府请求应急救援，重大生产安全事故应急救援是政府的职责。政府按生产安全事故的可控性、严重程度和影响范围启动不同的响应等级，对事故实行分级响应。应急响应级别分为四级：Ⅰ级为国家响应，Ⅱ级为省、自治区、直辖市响应，Ⅲ级为市、地、盟响应，Ⅳ级为县响应。

不同的响应等级对应不同级别的应急救援工作机构和指挥机构，同时，国家和地方建立若干应急救援组织以应对不同事故的抢险救援。这些不同级别的应急救援工作机构、指挥机构和应急救援组织组成我国生产安全应急救援体系。

（2）体系运行过程中涉及的组织或机构

在体系运行过程中涉及的组织或机构主要包括。

①应急救援专家组。应急救援专家组在应急救援准备和应急救援中起着重要的参谋作用。在应急救援体系中，应针对各类重大危险源建立相应的专家库。专家组应对该地区、行业潜在重大危险的评估、应急救援资源的配备、事态及发展趋势的预测、应急力量的可调整和部署、个人防护、公众疏散、抢险、监测、清消、现场恢复等行动提出决策性的建议。

②医疗救治组织。通常由医院、急救中心和军队医院组成。应急救援中心应与医疗救治组织建立畅通的联系渠道，要求医疗救治组织针对各类重大危险源建立相关的救治方案、准备相关的救治资源；在现场救援时，主要负责设立现场医疗急救站，对

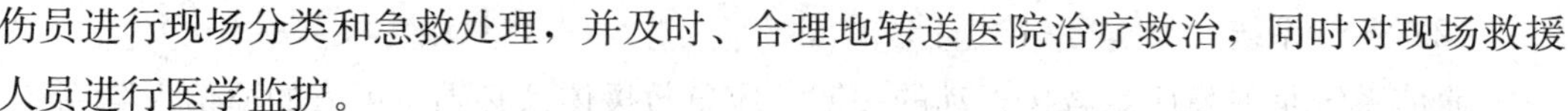

伤员进行现场分类和急救处理，并及时、合理地转送医院治疗救治，同时对现场救援人员进行医学监护。

③抢险救援组织。主要由公安消防队、专业应急救援组织、军队防化兵和工程兵等组成。其主要职责是尽可能、尽快控制并消除事故，营救受伤、受困人员。

④监测组织。主要由环保监测站、卫生防疫站、军队防化侦察分队、气象部门等组成，负责迅速测定事故的危害区域、范围及危害性质，监测空气、水、设备（施）的污染情况以及气象监测等。

⑤公众疏散组织。主要由公安、民政部门和街道居民组织抽调力量组成，必要时可吸收工厂、学校中的骨干力量参加，或请求军队支援。主要负责根据现场指挥部发布的警报和防护措施，指导相关地域的居民实施隐蔽；引导必须撤离的居民有序地撤至安全区或安置区；组织好特殊人群的疏散安置工作；引导受污染的人员前往洗消去污点；维护安全区或安置区的秩序和治安。

⑥警戒与治安组织。通常由公安部门、武警、军队、联防等组成。主要负责对危害区外围的交通路口实施定向、定时封锁，阻止事故危害区外的公众进入；指挥、调度撤出危害区的人员和车辆顺利通过通道，及时疏散交通阻塞；对重要目标实施保护，维护社会治安。

⑦洗消去污组织。主要由公安消防队伍、环卫队伍、军队防化部队组成。其主要职责有：开设洗消点（站），对受污染的人员或设备、器材等进行消毒；组织地面洗消队实施地面消毒，开辟通道或对建筑物表面进行消毒；临时组成喷雾分队，降低有毒有害的空气浓度，减少扩散范围。

⑧后勤保障组织。主要涉及计划部门，交通部门，电力、通信、市政、民政部门物资供应企业等。主要负责应急救援所需的各种设施、设备、物资以及生活、医药等后勤保障。

⑨信息发布组织。主要由宣传部门、新闻媒体、广播电视系统等组成。负责事故救援信息的统一发布，以及及时准确地向公众发布有关保护措施的紧急公告等。

⑩其他组织。主要包括参加现场救援的志愿者等。

2．支持保障系统

支持保障系统的主要功能是保障重大事故应急救援工作的有效开展。主要包括以下几个方面：

（1）法律法规保障体系

重大事故应急救援体系的建立与应急救援工作的高效开展，必须有相应法律法规作支撑和保障，明确应急救援的方针与原则，规定有关部门在应急救援工作中的职责，划分响应级别，明确应急预案编制和演练要求、资源和经费保障、索赔和补偿、法律责任等。

（2）通信系统

通信系统是保障应急救援行动的关键。应急救援体系必须有可靠的通信保障系统，保证应急救援过程中各救援组织内部，以及内部与外部之间通畅的联系，并应设有备用通信系统。

（3）警报系统

应建立重大事故警报系统，及时向受事故影响的人群发出警报和紧急公告，准确传达事故信息和防护要求。该系统应设有备用的警报系统。

（4）技术与信息支持系统

重大事故的应急救援工作离不开技术与信息的支持。应建立应急救援信息平台，开发应急救援信息数据库和决策支持系统，建立应急救援专家组，为现场应急救援决策提供所需的各类信息和技术支持。

（5）宣传、教育和培训体系

在充分利用已有资源的基础上，建立应急救援的宣传、教育和培训体系。一是通过各种形式和活动，加强对社会公众的应急知识教育，提高应急意识，如应急救援政策、基本防护知识、自救与互救基本知识等；二是为全面提高应急队伍的作战能力和专业水平，设立应急救援培训基地，对各类应急救援人员进行相关专业技术的强化培训，如基础培训、专业培训、战术培训等。

第二节　事故应急管理

一、事故应急管理

事故应急管理由预防、准备、响应和恢复四部分组成，其结构模式如图 8—1 所示。预防阶段即为预防、控制和消除事故对人类生命财产长期危害所采取的行动，工作内容主要包括风险辨识、评价与控制，安全规划，安全研究，安全法规、标准制定，危险源监测监控，事故灾害保险等；准备阶段是事故发生之前采取的各种行动，工作内容主要包括制定应急救援方针与原则，应急救援工作机制，编制应急救援预案，应急救援物资、装备筹备，应急救援培训、演习，签订应急互助协议，建立应急救援信息库等；响应阶段是事故即将发生前、发生期间和发生后立即采取的行动，工作内容主要包括启动相应的应急系统和组织，报告有关政府机构，实施现场指挥和救援，控制事故扩大并消除，人员疏散和避难，环境保护和监测，现场搜寻和营救等；恢复阶段即为事故后，使生产、生活恢复到正常状态或得到进一步的改善，工作内容主要包括损失评估，理赔，清理废墟，灾后重建，应急预案复查，事故调查。

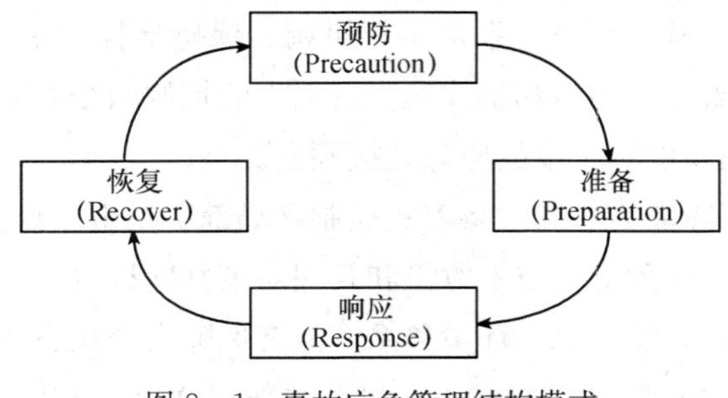

图 8—1　事故应急管理结构模式

二、应急救援预案编制

1. 事故应急救援预案的概况

(1) 目的

虽然人们对生产过程中出现的危险有相当程度的认识，然而由于自然灾害、环境因素、设备因素、人为原因等不安全因素的客观存在，或由于人们对生产过程中存在的危险认识不足，重大事故时有发生。当事故的发生很难避免，有效的应急救援行动是唯一可以抵御事故灾害蔓延和减缓灾害后果的有力措施。

为了在重大事故发生后能及时予以控制，防止重大事故的蔓延，有效组织抢险和救助，生产经营单位应对已初步认定的危险场所和部位进行重大事故危险源的评估；对所有被认定为重大危险源的部位或场所，应事先进行重大事故后果定量预测，估计在重大事故发生后的状态、人员伤亡情况、房屋及设备破坏和损失程度，以及由于物料的泄漏可能引起的爆炸、火灾、有毒有害物质扩散对生产经营单位及周边地区可能造成危害的程度。

所以，如果在事故灾害发生前建立完善的应急救援系统，拟订周密的救援计划，组织、培训精干抢险队伍和配备完善的应急救援设施，而在灾害发生的紧急关头，就能从容及时地按照预定方案进行有效的应急救援，在短时间内使事故得到有效控制，以及灾害后的系统恢复和善后处理，能够避免或减少事故和灾害的损失，以拯救生命、保护财产、保护环境。

综上所述，制定事故应急救援预案的目的主要有以下两个方面。

①采取预防措施使事故控制在局部，消除蔓延条件，防止突发性重大或连锁事故发生。

②能在事故发生后迅速有效地控制和处理事故，尽力减轻事故对人、财产和环境造成的影响。

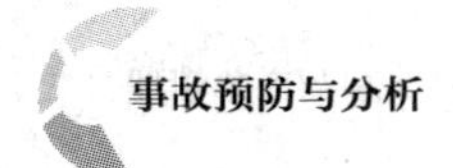

（2）原则

生产安全是“人—机—环境”系统相互协调、保持最佳“秩序”的一种状态。事故应急救援预案应由事故的预防和事故发生后损失的控制两个方面构成。

1）从事故预防的角度制定事故应急救援预案。

“提高系统安全保障能力”和“将事故控制在局部”是事故预防的两个关键点。从事故预防的角度看，事故预防由技术对策和管理对策共同构成。

①技术上采取措施，使“机—环境”系统具有保障安全状态的能力。

②通过管理协调“人自身”及“人—机”系统的关系，以实现整个系统的安全。值得注意的是，生产经营单位职工对生产安全所持的态度、人的能力和人的技术水平是决定能否实现事故预防的关键因素，提高人的素质可以提高事故预防和控制的可靠性。

2）从事故发生后损失控制的角度制定事故应急救援预案。

“及时进行救援处理”和“减轻事故所造成的损失”是事故损失控制的两个关键点。从事故发生后损失控制的角度看，事先对可能发生事故后的状态和后果进行预测并制定救援措施，一旦发生异常情况，可以做到以下几点：

①根据事故应急救援预案及时进行救援处理。

②最大限度地避免突发性重大事故发生。

③减轻所造成的损失和对环境的污染。

④及时恢复生产。

值得注意的是，事故应急救援预案，要定期进行演练。只有这样，才能在事故发生时做出快速反应，投入救援。

综上所述，制定事故应急救援预案的原则是“预防为主、防救结合”。

2. 事故应急救援预案的特点

事故应急救援预案具有如下特点。

（1）科学性

编制事故应急救援预案是一项科学性很强的工作。只有在全面调查的基础上，实行领导与专家相结合的方式，开展科学分析和论证，以科学的态度制定出严密统一、完整的事故应急救援方案，才能使事故应急救援预案具有科学性。

（2）实用性

事故应急救援预案应符合客观情况，具有实用性，便于操作，起到准确、迅速控制事故的作用。

（3）权威性

事故应急救援工作是一项紧急状态下的应急工作，所制定的应急救援预案应明确救援工作的管理体系、救援行动的组织指挥权限、各级救援组织的职责和任务等，确保救援工作的统一指挥。制定的事故应急救援预案应经政府有关部门批准后才能实施，并且应到相关政府部门备案，保证应急救援预案的权威性。

3. 编制事故应急救援预案依据的法律、法规

编制事故应急救援预案依据的主要法律、法规如下：

《中华人民共和国安全生产法》《中华人民共和国职业病防治法》《中华人民共和国消防法》《中华人民共和国矿山安全法》《中华人民共和国建筑法》《危险化学品管理条例》《特种设备安全监察条例》《建设工程安全生产管理条例》《矿山安全法实施条例》《使用有毒物品作业安全管理条例》《危险化学品事故应急救援预案编制导则》以及其他相关法律、法规，国际公约。

4. 事故应急救援预案的层次与类别

事故应急救援预案就是指根据预测生产经营单位危险源、危险目标可能发生事故类型、危害程度，而制定的事故应急救援方案。事故应急救援预案应由外部预案和内部预案组成，相互独立又协调一致。对同一种生产事故后果预计，政府部门根据当地安全状况制定外部预案，生产经营单位负责制定内部预案。

《中华人民共和国安全生产法》第七十七条规定，“县级以上地方各级人民政府应当组织有关部门制定本行政区域内特大生产安全事故应急救援预案，建立应急救援体系”。

根据可能发生的事故后果、影响范围、地点和应急方式，建立事故应急救援体系。要建立应急救援体系，就要求事故应急处理预案分级编写。分级，是指系统总目标预案包含各子系统分目标预案，而子系统分目标的预案包含单元目标的预案，各层目标预案编写提纲一致，具有相对独立性和完整性，又与上下层目标相互衔接。

我国事故应急救援预案体系将事故应急救援预案划分为5个级别，上级预案的编写应建立在下级预案的基础上，整个预案的结构是金字塔结构。

（1）Ⅰ级（企业级）

事故的有害影响局限于某个生产经营单位的厂界内，并且可被现场的操作者遏制和控制在该区域内。这类事故可能需要投入整个单位的力量来控制，但其影响预期不会扩大到社区（公共区）。

（2）Ⅱ级（县、市级）

所涉及的事故其影响可扩大到公共区，但可被该县（市、区）的力量，加上所涉及的生产经营单位的力量所控制。

（3）Ⅲ级（市、地级）

事故影响范围大，后果严重，或是发生在两个县或县级市管辖区边界上的事故。应急救援需动用地区力量。

（4）Ⅳ级（省级）

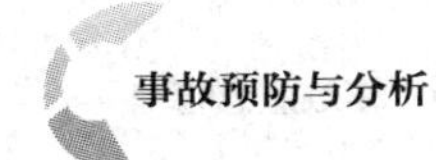

对可能发生的特大火灾、爆炸、毒物泄漏事故，特大矿山事故以及属省级特大事故隐患、重大危险源的设施或场所，应建立省级事故应急预案。它可能是一种规模较大的灾难事故，或是一种需要用事故发生地的城市或地区所没有的特殊技术和设备进行处理的特殊事故。这类意外事故需用全省范围内的力量来控制。

（5）Ⅴ级（国家级）

对事故后果超过省、直辖市、自治区边界以及列为国家级事故隐患、重大危险源的设施或场所，应制定国家级应急预案。

事故应急救援预案可分为外部预案和内部预案，也就是指的企业内的应急预案（场内应急计划）和企业外的应急预案（场外应急计划）。

外部预案由县级以上各级人民政府组织有关部门制定，也就是Ⅱ、Ⅲ、Ⅳ、Ⅴ级的事故应急救援预案。这些预案对应相应的响应级别，当启动相应的应急响应时，对应的预案将被执行。地方政府对所辖区域内的生产经营单位、要害设施都应制定事故应急救援预案。外部预案与内部预案相互补充，特别是内部应急救援能力不足的中小型生产经营单位，更需要外部应急救助。

外部预案的主要内容应包括应急救援信息、医疗救治、抢险救援、监测、公众疏散和安置、警戒与治安、洗消去污、后勤保障、信息发布和其他。

内部预案由生产经营单位每年制定，主要依据或参照相关导则进行编写。

内部预案的主要内容包括单位基本情况，年度采掘布置计划，危险类别及其危险特性，危险类别对周围的影响，危险类别周围可利用的安全、消防、个体防护的设备、器材及其分布，应急救援组织机构、组织成员和职责划分，报警、通信联络方式，事故发生后应采取的处理措施，人员紧急疏散、撤离，危险区的隔离，检测、抢险、救援及控制措施，受伤人员现场救护、救治与医院救治，现场保护与现场洗消，应急救援保障，预案分级响应条件，事故应急救援终止程序，应急培训计划，演练计划，附件等。

内部预案包含总体预案和各危险单元预案。通常应包含：针对重大危险源的预案，针对关键生产装置、重点生产部位的预案，针对不同事故类型的预案。

5. 预案的演习和实施

（1）预案的演习

预案的演习是检验、评价和提高应急能力的一个重要手段。其重要作用突出体现在：可在事故真正发生前暴露预案和程序的缺陷，发现应急资源的不足（包括人力和设备等），改善各应急部门、机构人员之间的协调，增强公众应对突发重大事故救援的信心和应急意识，提高应急人员的技术水平和熟练程度，进一步明确各自的岗位与职责，提高各预案之间的协调性，提高整体应急反应能力。

演习前需要对以下项目进行检查落实：组织上的落实（确定指挥部、抢救队、急救后勤保障的第一、二梯队乃至后备人选）、制度的落实、硬件的落实（各类器材、装置配套齐全、定期检验，淘汰过期、残存的失效药品、器材）。

演习结束后应认真总结，肯定成绩，表彰先进，强化应急意识，鼓舞士气；对演习过程中发现的不足、缺陷等采取纠正措施，进一步完善预案。

（2）预案的实施

预案的实施是在事故发生时，依据事故的类别、危害程度的级别和评估结果，启动相应的预案，按照预案进行事故的应急救援。实施时不能轻易变更预案，如有预案未考虑到的地方，冷静分析后，果断予以处理。事故后认真总结，进一步完善预案。

6. 事故应急救援预案的检查

《安全生产法》要求，危险物品的生产、经营、储存单位以及矿山、建筑施工单位应制定应急救援预案，并建立应急救援组织。生产经营规模较小的单位应当指定兼职应急救援人员。因此，制定事故应急救援预案将作为建设项目“三同时”验收条件之一。检查一般分为以下几部分。

（1）预案程序的检查

1）危险源确定程序

①找出可能引发事故的材料、物品、系统、生产过程、设施或能量（电、磁、射线等）。

②对危险辨识找出的因素进行分析。

分析可能发生事故的后果（人的伤害、物的损失、环境的破坏）；分析可能引发事故的原因。

③将危险分出层次，找出最危险的关键单元。

④确定是否属于重大危险源。

⑤对属于重大危险源以及危险度高的单元，进行“事故严重度评价”。

⑥确定危险源（按危险程度依次排列）。

2）事故预防程序的检查

遵循事故预防 PDCA 循环的基本过程，即计划（Plan）、实施（Do）、检查（Check）、处置（Action），包括：通过安全检查掌握“危险源”的现状；分析产生危险的原因；制定控制危险的对策；对策实施；实施效果确认；保持效果并将其标准化，防止反复；持续改进，提高安全水平。

3）应急救援程序检查

要求根据危险源模拟事故状态，制定出每种事故状态下的应急救援方案，不能遗漏。当发生事故时，每个职工都应知道各种紧急状态下，每一步“做什么”和“怎么做”。

大型生产经营单位的“应急救援程序”应该将“单元（车间）应急救援程序”汇

编在内，不能出现盲点。重点检查：事故应急救援指挥部启动程序；指挥部发布和解除应急救援命令和信号的程序及通信网络；抢险救灾程序（救援行动方案）；工程抢险抢修程序；现场医疗救护及伤员转送程序；人员紧急疏散程序；事故处理程序图；事故上报程序。

（2）预案内容的检查

此处主要检查两个方面：一是程序所包含的内容是否遗漏，二是这些内容是否正确。

重点检查以下方面的内容。

1）组织方案

以生产经营单位为单位成立应急救援的组织机构和指挥系统。生产经营单位以主要领导和各职能机构负责人共同组成应急救援指挥系统，负责在重大事故发生后的救援指挥和组织实施救援工作。生产经营单位依据本单位使用的原材料和生产产品的不同，按照防火、防爆、防泄漏、防辐射、防中毒等成立各个救助分队，各分队可以专业和非专业相结合。各分队要明确组织形式，对人员进行专业技术培训，按照处理重大事故所需配备一定数量的救助器材，形成一支专业性强的实施事故应急救援的主要力量。

生产经营单位应急救援指挥系统的建立主要是建立联系网络。重大事故报告要及时准确；指挥机构和各救援分队的联系要畅通，能够及时采取应急措施，进行指挥和调度；与当地政府、行政主管部门和公安消防部门，供电、供水、供气等单位，以及事故应急救援抢救机构等有关部门建立必要的工作联系，及时通报本生产经营单位重大事故危险的状态和生产安全工作情况；对在生产安全中发生的问题，取得有关部门和单位的支持和帮助，及时采取相应措施，避免或减少重大事故的发生。

2）责任制

责任制主要是指挥系统和抢险分队责任制的建立。其主要内容应包括保证信息畅通，报警及警告信号明确有效，实施救援队伍分工明确，指挥救援程序落实，必备的救援器材准备齐全并确保完好和正确使用，救援人员应具备安全技术素质及保证技术培训质量等。

3）报警及信息系统

生产经营单位可依据本生产经营单位的具体情况，建立重大事故发生的报警信号系统。当发生重大事故时，按照生产经营单位规定的方法及时报告和报警。报告或报警可以用声响或标志等形式，但必须做到及时、准确和醒目。

4）重大危险源

生产经营单位应依据本单位的具体情况，对危险场所和危险部位进行重大危险源的评估，对那些确认属于重大危险源的部位或场所，都应进行事故救援应急预案的编制。

5）紧急状态下抢险救援的实施

生产经营单位在发生重大事故后应立即采取必要措施，并将事故基本情况进行报告，发出事故警报或信号。事故指挥系统要立即采取措施，启动事故专家系统，输入事故现场数据信息，对事故救援提供可行性方案，组织和指挥救援队伍实施救援，并报告有关部门和单位，对事故进行抢险或救援。如紧急疏散，在事故发生的紧急情况下，已实施了应急抢救措施，但对事故状态仍不能得到控制，而且极有可能发生更为严重的后果时，为了避免造成更多的人员伤害，应在积极采取抢救措施的同时，疏散当地周围居民，封闭道路，控制流动人员进入等。

（3）预案配套的制度和方法的检查

为了能在事故发生后，迅速、准确、有效地进行处理，必须制定好事故应急救援预案以及与之配套的制度、程序和处理方法。特别需要指出的是生产工艺操作方法必须以操作安全为本，内容包括紧急状态下工艺操作程序和方法。对“危险源”配套“工程抢险抢修”的程序和方法。

此外，日常还要做好应急救援的各项准备工作，对全厂职工进行经常性的应急救援常识教育，落实岗位责任制和各项规章制度；同时还应建立以下应急救援工作相应制度：责任制，值班制度，例会制度，培训制度，应急救援装备、物资和药品检查维护制度，演练制度等。

7. 事故应急救援预案的编写

事故应急救援预案是针对事故制定的事故应急方案，方案就是对事故进行响应应遵循的程序。标准化的事故应急响应程序按照过程可分为接警、确定响应等级、报警、应急启动、救援行动、扩大应急、应急恢复和应急结束几个过程。

全国安全生产事故灾难应急救援组织、体系由国务院安委会、国务院有关部门、地方各级人民政府安全生产事故灾难应急领导机构、综合协调指挥机构、专业协调指挥机构、应急支持保障部门、应急救援队伍和生产经营单位组成。各级、各部门安全生产事故灾难应急机构接到可能导致安全生产事故灾难的信息后，按照应急预案及时研究确定应对方案，并通知有关部门、单位采取相应行动预防事故发生。安全生产事故灾难的应急管理和应急响应程序详见《国家安全生产事故灾难应急预案》。

生产经营单位安全生产事故应急预案是国家安全生产应急预案体系的重要组成部分。制定生产经营单位安全生产事故应急预案是贯彻落实“安全第一、预防为主、综合治理”方针，规范生产经营单位应急管理工作，提高应对风险和防范事故的能力，保证职工安全健康和公众生命安全，最大限度地减少财产损失、环境损害和社会影响的重要措施。预案分为综合应急预案、专项应急预案和现场处置方案三个类别，其编制程序和体系构成具体参见《生产经营单位生产安全事故应急预案编制导则》。

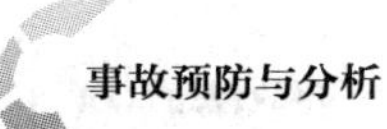

应急管理是一项系统工程，生产经营单位的组织体系、管理模式、风险大小以及生产规模不同，应急预案体系构成不完全一样。生产经营单位应结合本单位的实际情况，从公司、企业（单位）到车间、岗位分别制定相应的应急预案，形成体系，互相衔接，并按照统一领导、分级负责、条块结合、属地为主的原则，同地方人民政府和相关部门应急预案相衔接。

三、应急设备和设施

1. 建筑行业应急设备和设施

建筑行业应急设备和设施应根据建筑施工生产经营活动的性质、特点以及应急救援工作的实际需要配置应急救援资源。建筑行业应急设备和设施见表 8—1。

表 8—1　建筑行业应急设备和设施

序号	设备设施、器材	用途
1	破拆设备、叉车、推土机、金属切割机、电焊机	拆除
2	塔吊、单绳卷扬机、多绳卷扬机、登高车、梯子、安全绳、缓降器、救生气垫	高空抢险
3	挖掘机、推土机、装载机、工程运输车、清障车、行车信号工具等设备	建筑抢险
4	强光照明、防护装备、通风机、发电机	地下抢险
5	输水装置软管、喷头、便携式灭火器、抽水泵、照明车、指挥车、高压水枪、登高车	消防
6	氧气呼吸器、防毒面具、防护服、救生衣	个体防护
7	救护车、担架、夹板、氧气、急救箱	医疗
8	对讲机、移动电话、电话、传真机、电报等	通信联络
9	各类警示牌、隔离警示带	警戒

2. 化工行业应急设备和设施

化工行业区别于建筑行业最大的特点是涉及危险化学品，应急设备和设施配备在表 8—1 的基础上还应增加侦检器材、堵漏器材、洗消物资等配备，比较通用的设备和设施见表 8—2，具体的内容可参看《危险化学品单位应急救援物资配备要求》(GB 30077—2013)。

表 8—2　化工行业应急设备和设施

序号	设备设施、器材	用途
1	有毒气体探测仪、可燃气体检测仪、红外测温仪、便携式气象仪、水质分析仪、红外热像仪等	侦检

续表

序号	设备设施、器材	用途
2	木制堵漏楔、气动吸盘式堵漏工具、粘贴式堵漏工具、电磁式堵漏工具、注入式堵漏工具、无火花工具、金属堵漏套管、内封式堵漏袋、外封式堵漏袋、捆绑式堵漏袋、阀门堵漏套具、管道黏结剂等	堵漏
3	输转泵、有毒物质密封桶、吸附垫、吸附棉、集污袋等	输转
4	强酸、碱清洗剂，强酸、碱洗消器，洗消帐篷、洗消粉等	洗消
5	移动式排烟机、坑道小型空气输送机、移动照明灯组、移动发电机等	排烟照明

3. 采矿行业应急设备和设施

采矿企业多是井工开采，应急设备和设施主要是针对火灾、爆炸、透水等事故类型，在表 8—1 的基础上还应增加的设备设施见表 8—3，特别需注意所有用于井下救援设备均需有防爆标志。

表 8—3　采矿行业应急设备和设施

序号	设备设施、器材	用途
1	有毒气体探测仪、可燃气体检测仪、瑞力波探测仪	侦检
2	惰气发生装置、CO_2发生器、气囊型快速充气密闭、喷涂式快速密闭等	灭火抑爆
3	水泵、注浆泵、伸缩风筒、探水钻等	排水、堵水

四、应急培训和演习

应急救援资源包括应急救援队伍和应急救援器材、设备两个方面。应急救援队伍由训练有素的专业救援队伍和培训合格的志愿人员组成。应急演练即针对可能发生的事故情景，依据应急预案而模拟开展的应急活动。安全生产法中规定生产经营单位应当制定本单位生产安全事故应急救援预案，与所在地县级以上地方人民政府组织制定的生产安全事故应急救援预案相衔接，并定期组织演练。生产经营单位的安全生产管理机构以及安全生产管理人员负责组织或者参与本单位应急救援演练。

五、应急能力评估

应急能力评估即在全面调查和客观分析生产经营单位应急队伍、装备、物资等应急资源状况基础上开展应急能力评估，并依据评估结果，完善应急保障措施。

复习思考题

1. 事故应急救援体系级别如何划分？
2. 事故应急救援体系运行过程中涉及的组织或机构有哪些？
3. 事故应急管理由哪四部分组成？
4. 为什么要建立生产安全事故应急预案？
5. 事故应急救援预案有哪些层次与类别？

实训八

一、实训目标

1. 了解不同行业事故应急设备和设施；

2. 掌握事故应急预案的编写方法，能根据《生产经营单位生产安全事故应急预案编制导则》要求完成预案编制。

二、任务描述

以某生产经营单位为例，模拟编制事故应急救援预案。

三、任务准备

1. 实训依据准备

(1)《安全生产法》《生产经营单位生产安全事故应急预案编制导则》等；

(2) 事故预案编制任务书一份。

2. 实训材料准备

(1) 计算机房；

(2) 实训用纸若干；

(3) 小组合作实训过程考评记录表（教师用)。

四、知识要点

1. 应急预案体系；

2. 事故、危险源；

3. 预警及信息报告、应急响应。

五、实训过程

1. 明确某生产经营单位应急预案体系构成；

2. 确定生产经营单位存在或可能发生的事故风险种类、发生的可能性以及严重程度及影响范围等；

3. 明确生产经营单位的应急组织形式及组成单位或人员；

4. 根据《生产经营单位生产安全事故应急预案编制导则》要求完成预案编制。

六、注意事项

1. 实训前熟悉事故应急预案的编写格式与要求；
2. 注意各层级预案的衔接。

七、总结与思考

1. 事故应急救援预案如何分类？
2. 建筑、化工、采矿行业应急设备和设施有何异同？

参考文献

[1] 田水承，景国勋. 安全管理学. 北京：机械工业出版社，2009

[2] 安全生产管理知识. 北京：中国大百科全书出版社，2011

[3] 安全生产法律法规. 重庆：重庆大学出版社，2013

[4] 任国友. 事故调查试验教程. 北京：中国人民大学出版社，2014

[5] 李永怀，彭奏平. 安全系统工程. 北京：煤炭工业出版社，2008

[6] 翟成，林柏泉，周延. 控制图分析法在煤矿安全管理中的应用. 中国安全科学学报. 2007 (4)：157～161

[7] 安全生产事故案例分析. 北京：中国大百科全书出版社，2011

[8] 彭开良，杨磊. 物理因素危害与控制. 北京：化学工业出版社，2006

[9] 王凯全，邵辉. 事故理论与分析技术. 北京：化学工业出版社，2004

[10] 吴穹，许开立. 安全管理学. 北京：煤炭工业出版社，2002

[11] 叶炳杰，林文敏，林嗣豪. 浅谈职业病危害评价中的建筑卫生学. 中国工业医学杂志. 2010 (8)

[12] 张玲，陈国华. 事故调查分析方法与技术述评. 中国安全科学学报. 2009 (4)：170～173

[13] 刘诗飞，詹予忠. 重大危险源辨识及危害后果分析. 北京：化学工业出版社，2008

[14] 王凯全，邵辉. 事故理论与分析技术. 北京：化学工业出版社，2004

[15] 李运华. 安全生产事故隐患排查实用手册. 北京：化学工业出版社，2012

[16] 刘其志，肖丹. 矿井灾害防治. 重庆：重庆大学出版社，2014